AF590035

CUEIL DE RENSEIGNEMENTS

A L'USAGE

DES GÉOMÈTRES

Par M. A. L. D.

NOYON

U BUREAU DU *JOURNAL DES GÉOMET*

BOULEVARD SARRAZIN

876

RECUEIL DE RENSEIGNEMENTS

À L'USAGE

DES GÉOMÈTRES.

T
8°
255

AVIS

Les personnes qui font usage de ce *Recueil* sont instamment priées de signaler les renseignements désirables qui n'y figureraient pas encore, et d'adresser au Directeur-Gérant du *Journal des Géomètres*, avant le 1er novembre de chaque année, toutes les indications qui seraient de nature à apporter des modifications utiles dans la composition de ses matières.

Noyon. — Typ. D. Andrieux.

RECUEIL DE RENSEIGNEMENTS

A L'USAGE

DES GÉOMÈTRES

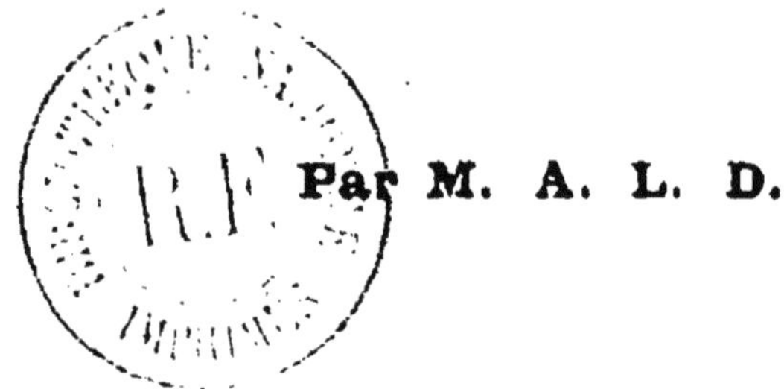

Par M. A. L. D.

NOYON.

AU BUREAU DU *JOURNAL DES GÉOMÈTRES*,

BOULEVARD SARRAZIN.

1876.

RENSEIGNEMENTS GÉNÉRAUX.

Ministères.

Ministère de l'Agriculture et du Commerce, rue Saint-Dominique-Saint Germain, 60.

Ministère des Finances, au Louvre.

Ministère de la Guerre, rue Saint-Dominique-Saint-Germain, 90.

Ministère des Travaux publics, rue Saint-Dominique-Saint-Germain.

Ministère de la Marine et des Colonies, rue Royale-Saint-Honoré, 2.

Ministère de l'Instruction publique, rue de Grenelle-Saint-Germain, 110.

Ministère de l'Intérieur, rue de Grenelle, 103.

Ministère de la Justice et des Cultes, rue du Luxembourg, 36.

Les ministres donnent des audiences particulières lorsqu'en en fait la demande par écrit, en indiquant l'objet dont on désire les entretenir.

Administration des Postes.

Tarif des ports de lettres pour les départements.

NON AFFRANCHIES.		AFFRANCHIES.	
Lettre simple,	40 c.	Lettre simple,	25 c.
De 15 gr. à 30,	80	De 15 gr à 30,	50
De 30 gr. à 50,	1 20	De 30 à 50,	75

Au-dessus de 50 gr., augmentation par 50 gr. ou fraction de 50 gr. : 50 c. pour les lettres affranchies, et 75 c. pour celles non affranchies.

Affranchissement obligatoire pour toutes les lettres chargées, 25 cent. en sus du tarif.

Direction de l'Enregistrement et du Timbre.

Enregistrement. — Bureaux, rue de la Banque, 17.
Timbre. — Bureaux, mêmes rue et numéro.

RENSEIGNEMENTS SPÉCIAUX.

COMPOSITION DU COMITÉ CENTRAL DES GÉOMÈTRES

élu à Paris pour cinq ans, le 20 juillet 1874.

MM. Lefèvre, membre du conseil d'arrondissement de Corbeil, à Sucy (Seine-et-Oise), *Président.*

Bucaille, au Hâvre (Seine-Inférieure), *Vice-Président.*

Pottier, à Villers-Cotterêts (Aisne), *Secrétaire.*

Derivry, à Noyon (Oise), *Directeur-Gérant du Journal des Géomètres* et *Trésorier.*

Coquerет, à Senlis (Oise).

Gillet, géomètre à Joinville (Haute-Marne).

Heurtaut, chevalier de la Légion d'honneur, à Passy-Paris.

Barthélemy, à Corbeil (Seine-et-Oise).

Camery, à Guignes-Rabutin (Seine-et-Marne).

Roger-Gaillart, membre du conseil d'arrondissement de Castèts, à Lévignacq (Landes).

Lemaitre, à Chartres (Eure-et-Loir).

Hachet, à Saint-Quentin (Aisne).

Ledret, à Meaux (Seine-et-Marne).

Lalande, à Rambouillet (Seine-et-Oise).

Pénard, à Villeneuve-le-Roi (Seine-et-Oise).

Cuzacq, à Tarnos (Landes).

Bétancourt, à Vincennes (Seine).

Quenolle, à Compiègne (Oise).

Moinet, fils, à Senlis (Oise).

Membres honoraires et perpétuels.

Bassac, à Vannes (Morbihan).

Moinet, père, à Senlis (Oise).

Membres correspondants.

Dasnoy, contrôleur du Cadastre à Arlon (Belgique).

Desjardins, ex-inspecteur-voyer à Senlis (Oise).

N. B. Le Comité central se réunit chaque année, à Paris, le deuxième lundi de juillet. Tous les géomètres sont admis à assister à ses séances.

TABLEAU DES MESURES LÉGALES.
(Lois du 18 germinal an III et du 4 juillet 1837.)

NOMS systématiq.	VALEUR.
MESURES DE LONGUEUR.	
Myriamètre...	Dix mille mètres.
Kilomètre.....	Mille mètres.
Hectomètre...	Cent mètres.
Décamètre....	Dix mètres.
MÈTRE........	*Unité fondamentale des poids et mesures.* — Dix-millionième partie du quart du méridien terrestre [1].
Décimètre.....	Dixième du mètre.
Centimètre....	Centième du mètre.
Millimètre.....	Millième du mètre.
MESURES AGRAIRES.	
Hectare.......	Cent ares ou 10,000 mètres carrés.
ARE..........	Cent mètres carrés, carré de dix mètres de côté.
Centiare......	Centième de l'are, ou mètre carré.
MESURES DE CAPACITÉ.	
Kilolitre......	Mille litres.
Hectolitre	Cent litres.
Décalitre.	Dix litres.
LITRE........	Décimètre cube.
Décilitre.......	Dixième du litre.

NOMS systématiq.	VALEUR.
MESURES DE SOLIDITÉ.	
Décastère.....	Dix stères.
STÈRE........	Mètre cube.
Décistère....	Dixième du stère.
POIDS.	
Mille kilogrammes.	Poids du mètre cube d'eau et du tonneau de mer.
Cent kilogr.	Quintal métrique.
KILOGRAM.	Mille grammes. Poids dans le vide d'un décimètre cube d'eau distillée, à la température de 4° centigrades [2].
Hectogramme	Cent grammes.
Décagramme.	Dix grammes.
GRAMME.	Poids d'un décimètre cube d'eau à 4° centigrades.
Décigramme.	Dixième de gramme.
Centigramme.	Centième de gram.
Milligramme.	Millième de gram.
MONNAIE.	
FRANC........	Cinq grammes d'argent, au titre de 9 dixièmes de fin.
Décime......	Dixième de franc.
Centime......	Centième de franc.

Conformément à la disposition de la loi du 18 germinal an III concernant les poids et mesures de capacité, chacune des mesures décimales de ces deux genres a son double et sa moitié.

[1] L'étalon prototype en platine, déposé aux Archives, donne la longueur légale du mètre quand il est à la température de zéro.

[2] L'étalon prototype en platine, déposé aux Archives, donne dans le vide le poids légal du kilogramme.

MESURES DE LONGUEUR ET DE SUPERFICIE.

Conversion des toises, pieds, pouces en mètres et décimales de mètre.

Toises.	Mètres.	Pieds.	Mètres.	Pouces.	Mètres.
1	1,94904	1	0,32484	1	0,02707
2	3,89807	2	0,64968	2	0,05414
3	5,84710	3	0,97452	3	0,08121
4	7,79615	4	1,29936	4	0,10828
5	9,74518	5	1,62420	5	0,13535
6	11,69422	6	1,94904	6	0,16242
7	13,64326	7	2,27388	7	0,18949
8	15,59229	8	2,59872	8	0,21656
9	17,54133	9	2,92355	9	0,24363
10	19,49037	10	3,24839	10	0,27070
20	38,98073	20	6,49679	11	0,29777
30	58,47110	30	9,74518	12	0,32481
40	77,96146	40	12,99358	13	0,35191
50	97,45183	50	16,24197	14	0,37898
60	116,94220	60	19,49037	15	0,40605
70	136,43256	70	22,73876	16	0,43312
80	155,92293	80	25,98715	17	0,46019
90	175,41329	90	29,23555	18	0.48726
100	194,90366	100	32,48394	19	0,51433
10000	1949,03659	1000	324.83943	20	0,54140

CONVERSION des lignes en millimètres.				CONVERSION des millimètres en lignes.			
Lig.	Millim.	Lig.	Millimètr.	Mill.	Lignes.	Mill.	Lignes.
1	2,256	20	45,117	1	0,443	20	8.866
2	4,512	30	67,675	2	0,887	30	13,299
3	6,767	40	90,233	3	1,330	40	17,732
4	9,023	50	112,791	4	1,773	50	22,165
5	11,279	60	135,350	5	2.216	60	26,598
6	13,535	70	157,908	6	2,660	70	31,031
7	15,791	80	180,466	7	3,103	80	35,464
8	18,047	90	203,023	8	3.546	90	39,897
9	20,302	100	225,583	9	3,990	100	44,330
10	22,558	1000	2255,829	10	4,433	1000	443,296

CONVERSION

DES CENTIMÈTRES ET DES DÉCIMÈTRES en pieds, pouces et lignes.

Centimètres	Pieds.	Pouces.	Lignes.	Décimètres.	Pieds.	Pouces.	Lignes.
1	0.	0.	4,433	1	0.	3.	8,330
2	0.	0.	8,880	2	0.	7.	4,659
3	0.	1.	1,209	3	0.	11.	0,989
4	0.	1.	5,732	4	1.	2.	9,318
5	0.	1.	10,165	5	1.	6.	5,648
6	0.	2.	2,598	6	1.	10.	1,977
7	0.	2.	7,031	7	2.	1.	10,307
8	0.	2.	11,464	8	2.	5.	6,637
9	0.	3.	3,897	9	2.	9.	2,966
10	0.	3.	8,330	10	3.	0.	11,296
15	0.	5.	6,494	15	4.	7.	4,944
20	0.	7.	4,659	20	6.	1.	10,590
25	0.	9.	2,824	25	7.	8.	4,244
50	1.	6.	5,648	50	15.	4.	8,480
90	2.	9.	2,966	90	27.	8.	5,660

CONVERSION

Des mètres en toises, et en toises, pieds, pouces et lignes.

Mètres.	Toises.	Mètres	Toises.	Pieds.	Pouces.	Lignes.
1	0,513074	1	0.	3.	0.	11,296
2	1,026148	2	1.	0.	1.	10,592
3	1,539222	3	1.	3.	2.	9,888
4	2,052296	4	2.	0.	3.	9,184
5	2,565370	5	2.	3.	4.	8,480
6	3,078444	6	3.	0.	5.	7,776
7	3,591518	7	3.	3.	6.	7,072
8	4,104592	8	4.	0.	7.	6,368
9	4,617666	9	4.	3.	8.	5,664
10	5,13074	10	5.	0.	9.	4,960
20	10,26148	20	10.	1.	6.	9,920
30	15,39222	30	15.	2.	4.	2,88
40	20,52296	40	20.	3.	1.	7,84
50	25,65370	50	25.	3.	11.	0,80
60	30,78444	60	30.	4.	8.	5,76
70	35,91518	70	35.	5.	5.	10,72
80	41,04592	80	41.	0.	3.	3,68
90	46,17666	90	46.	1.	0.	8,64
100	51,3074	100	51.	1.	10.	1,6

CONVERSION des toises carrées et cubes en mètres carrés et cubes.

Tois. carr.	Mètres carrés.	Tois. cub.	Mètres cubes.
1	3,7987	1	7,4039
2	7,5975	2	14,8078
3	11,3962	3	22,2117
4	15.1950	4	29,6156
5	18,9937	5	37,0195
6	22,7925	6	44,4233
7	26,5912	7	51,8272
8	30,3899	8	59,2311
9	34,1887	9	66,6350
10	37,9874	10	74,0389
50	189,9370	50	370,1945
100	379,8744	100	740,3890

CONVERSION des mètres carrés et cubes en toises carrées et cubes.

Mèt. carr.	Toises carrées.	Mètr. cub.	Toises cubes.
1	0,2632	1	0,1351
2	0,5265	2	0,2701
3	0,7897	3	0,4052
4	1,0530	4	0,5403
5	1,3162	5	0,6753
6	1,5795	6	0,8104
7	1,8427	7	0,9454
8	2,1060	8	1,0805
9	2,3692	9	1,2156
10	2,6324	10	1,3506
50	13,1622	50	6,7532
100	26,3245	100	13,5064

CONVERSION des pieds carrés et cubes en mètres carrés et cubes.

Pieds carrés	Mètres carrés.	Pieds cubes	Mètres cubes.
1	0,1055	1	0,03428
2	0,2110	2	0,06855
3	0,3166	3	0,10283
4	0,4221	4	0,13711
5	0,5276	5	0,17139
6	0,6331	6	0,20566
7	0,7386	7	0,23994
8	0,8442	8	0,27422
9	0,9497	9	0,30850
10	1,0552	10	0,34277
50	5,2760	50	1,71386
100	10,5521	100	3,42773

CONVERSION des mètres carrés et cubes en pieds carrés et cubes.

Mèt. carr.	Pieds carrés.	Mètr. cub.	Pieds cubes.
1	9,48	1	29,17
2	18,95	2	58,35
3	28,43	3	87,52
4	37,91	4	116,70
5	47,38	5	145,87
6	56,86	6	175,04
7	66,34	7	204,22
8	75,81	8	233,39
9	85,29	9	262,56
10	94,77	10	291,74
50	473,84	50	1,458,69
100	947,68	100	2,917,39

Dans la construction des Tables de conversion qui précèdent, on a employé les valeurs suivantes :

Mètre. . . . . . . 0,513 074 de toise linéaire.
Mètre carré. . . . 0,263 244 929 476 de toise carrée.
Mètre cube. . . . 0,135 064 128 916 de toise cube.
Toise. . . . . . . 1,949 036 5912 mètre linéaire.
Toise carrée. . . 3,798 743 6338 mètres carrés.
Toise cube. . . . 7,403 890 3430 mètres cubes.

Mesures agraires.

La perche des eaux et forêts avait 22 pieds de côté.

L'arpent des eaux et forêts était composé de 100 perches.

L'unité nouvelle que l'on nomme *are* est un carré de 10 mètres de côté.

L'*hectare* se compose de 100 ares.

NOMS DES MESURES.	Pieds carrés.	Toises carrées.	Mètres carrés.
Perche des eaux et forêts. . . .	484	13,44	51,07
Arpent des eaux et forêts. . . .	48400	1344,44	5107,20
Are.	947,7	26,32	100
Hectare.	94768,2	2632,45	10000

RÉDUCTION

des arpents en hectares, et des hectares en arpents.

Nombre d'arpents.	ARPENTS des eaux et forêts en hectares.	Nombre d'hectares.	HECTARES en arpents des eaux et forêts.
1	0,5107	1	1,9580
2	1,0214	2	3,9160
3	1,5322	3	5,8741
4	2,0429	4	7,8321
5	2,5536	5	9,7901
6	3,0643	6	11,7481
7	3,5750	7	13,7061
8	4,0858	8	15,6642
9	4,5965	9	17,6222
10	5,1072	10	19,5802
100	51,0720	100	195,8020
1000	510,7198	1000	1958,0201

POIDS.

Conversion des anciens poids en nouveaux.

Grains.	Grammes.	Onces.	Grammes.	Livres.	Kilogrammes.
1	0,05				
10	0,53	1	30,59	1	0,4895
20	1,06	2	61,19	2	0,9790
30	1,59	3	91,78	3	1,4685
40	2,12	4	122,38	4	1,9580
50	2,66	5	152,97	5	2,4475
60	3,19	6	183,56	6	2,9370
70	3,72	7	214,16	7	3,4265
Gros.		8	244,75	8	3,9160
1	3,82	9	275,35	9	4,4056
2	7,65	10	305,94	10	4,8951
3	11,47	11	336,53	20	9,7901
4	15,30	12	367,14	30	14,6852
5	19,12	13	397,73	40	19,5802
6	22,94	14	428,33	50	24,4753
7	26,77	15	458,91	100	48,9506
8	30,59	16	489,51	1000	489,5058

Conversion des nouveaux poids en anciens.

Grammes	liv. onc. gr. gr.	grammes	liv. onc. gr. gr.	kilo.	liv. onc. gr. gr.
1	0. 0. 0. 19	200	0. 6 4. 21	1	2. 0. 5. 35
2	0. 0. 0. 38	300	0. 9 6. 32	2	4. 1. 2. 70
3	0 0. 0. 56	400	0. 13 0. 43	3	6. 2. 0. 33
4	0. 0. 1. 3	500	1. 0 2. 53	4	8. 2. 5. 69
5	0. 0. 1. 22	600	1. 3 4. 64	5	10. 3. 3. 32
6	0. 0. 1. 41	700	1. 6 7. 3	6	12. 4. 0. 67
7	0. 0. 1. 60	800	1. 10 1. 13	7	14. 4. 6. 30
8	0. 0. 2. 7	900	1. 13 3. 24	8	16. 5. 3. 65
9	0. 0. 2. 25	1000	2. 0 5. 33	9	18. 6. 1. 28
10	0. 0. 2. 44			10	20. 6. 6. 64
20	0. 0. 5. 1			20	40. 13. 5. 55
30	0. 0. 7. 61			30	61. 4. 4. 47
40	0. 1. 2. 33			40	81. 11. 3. 38
50	0. 1. 5. 5			50	102. 2. 2. 30
60	0. 1. 7. 50			60	122. 9. 1. 21
70	0. 2. 2. 22			70	143. 0. 0. 13
80	0. 2. 4. 66			80	163. 6. 7. 4
90	0. 2. 7. 38			90	183. 13. 5. 68
100	0. 3. 2. 11			100	204. 4. 4. 59

Multipliez le prix du kilogramme par 0,4895, vous aurez celui de la livre.

Multipliez le prix de la livre par 2,0429 vous aurez celui du kilogramme.

Le kilogramme, ou le poids d'un décimètre cube d'eau distillée considérée au maximum de densité et dans le vide,

Vaut. . . . . 18827,15 grains.
La livre vaut. . . . . 9216 grains.
Donc livre. . . . . 0,489 505 847 kil.
Et kilogramme . . . . 2,042 876 519 liv.

MESURES ANGLAISES COMPARÉES AUX MESURES FRANÇAISES.

MESURES DE LONGUEUR.

Anglaises.	Françaises.
Inch, Pouce (1/36 du yard) . . .	2,539954 centimètres.
Foot, Pied (1/3 du yard)	3,0479449 décimètres.
Yard impérial	0,91438348 mètre.
Fathom (2 yards).	1,82876696 mètre.
Pole ou perch (5 1/2 yards). . .	5,02911 mètres.
Furlong (220 yards)	201,16437 mètres.
Mille (1760 yards)	1609,3149 mètres.
Françaises.	**Anglaises.**
Millimètre	0,03937 pouce.
Centimètre.	0,393708 pouce.
Décimètre	3,937079 pouces.
Mètre	39,37079 pouces. 3,2808992 pieds. 1,093633 yard.
Myriamètre	6,2138 milles.

MESURES DE SUPERFICIE.

Anglaises.	Françaises.
Yard carré.	0,836097 mètre carré.
Rod (perche carrée).	25,291939 mètres carrés.
Rood (1210 yards carrés). . . .	10,116775 ares.
Acre (4840 yards carrés). . . .	0,404671 hectare.
Françaises.	**Anglaises.**
Mètre carré.	1,196033 yard carré.
Are.	0,098845 rood.
Hectare.	2,471143 acres.

TABLE DE RÉDUCTION DES PENTES PAR MÈTRE EN DEGRÉS.

Pente par mètre.	Inclinaison correspondante en degrés.			Pente par mètre.	Inclinaison correspondante en degrés.			Pente par mètre.	Inclinaison correspondante en degrés.		
mètr.				mètr.				mètr.			
0,005	0°	17'	10"	0,055	3°	8'	50"	0,105	5°	59'	30"
0,010	0	35	0	0,060	3	26	0	0,110	6	16	30
0,015	0	51	30	0,065	3	43	10	0,115	6	33	40
0,020	1	8	40	0,070	4	0	20	0,120	6	50	30
0,025	1	26	0	0,075	4	17	20	0,125	7	7	30
0,030	1	43	1	0,080	4	34	30	0,130	7	24	20
0,035	2	0	20	0,085	4	51	30	0,135	7	41	20
0,040	2	17	30	0,090	5	8	30	0,140	7	58	10
0,045	2	34	10	0,095	5	25	30	0,145	8	15	5
0,050	2	51	40	0,100	5	42	30	0,150	8	31	50

TABLE DE RÉDUCTION

DES INCLINAISONS EN DEGRÉS PAR MÈTRE, EN MÈTRES.

Inclinaison en degrés.	Pente correspondante par mètre.	Inclinaison en degrés.	Pente correspondante par mètre.	Inclinaison en degrés.	Pente correspondante par mètre.
	mètre.		mètre.		mètre.
0°15	0,00436	4°30	0,07870	20° »	0,36397
0 30	0,00873	5 00	0,08749	22 »	0,40403
0 45	0,01309	6 »	0,10510	24 »	0,44523
1 00	0,01746	7 »	0,12278	26 »	0,48773
1 15	0,02182	8 »	0,14054	28 »	0,53171
1 30	0,02619	9 »	0,15838	30 »	0,57735
2 00	0,03492	10 »	0,17633	32 »	0,62487
2 30	0,04366	12 »	0,21256	34 »	0,67451
3 00	0,05241	14 »	0,24933	36 »	0,72654
3 30	0,06116	16 »	0,28675	38 »	0,78129
4 00	0,06993	18 »	0,32492	40 »	0,83910

CHAINES ET CHAINAGES.

Le décamètre-chaîne s'allonge très-vite, il doit être vérifié et rectifié chaque jour. Pour cela, on l'applique sur un *étalon*, c'est-à-dire sur une ligne droite de 10 mètres, tracée à la surface parfaitement plane d'un plancher ou d'un dallage, divisée en mètres et subdivisée en doubles-décimètres. S'il ne coïncide pas parfaitement avec chaque partie de l'étalon, il faut l'allonger ou le raccourcir jusqu'à ce que la coïncidence ait lieu.

Il doit avoir, lorsqu'il sort du poinçonnage, dix mètres juste, du dedans en dedans des poignées.

Dans le cadastre, on accorde une tolérance de *deux millimètres* sur ses dix mètres.

Le décamètre-ruban d'acier présente beaucoup plus de garantie d'exactitude. Son emploi recommandé dans toutes les administrations ne peut tarder de devenir général.

Les chaînages sur terrains inclinés, faits en suivant leur pente, doivent toujours être ramenés à l'horizon, afin de convertir le *mesurage par développement* qui en serait la conséquence, en *mesurage par cultellation*, le seul admis depuis longtemps par la science et par la pratique.

Ils le sont très-rapidement à l'aide du tableau suivant :

Multiplicateurs ramenant les longueurs des lignes inclinées à la projection horizontale.

Multiplicateurs	9	8	7	6	5	4	3	2	1	0	Diff.
999	0° 48	1° 8	21	37	40	59	2° 0	18	26	34	8 à 20
998	2° 41	40	55	3° 2	0	15	21	27	32	38	6
997	3° 43	48	53	50	4° 3	8	13	18	22	27	5
996	4° 31	35	30	44	48	52	50	3° 0	4	8	4
995	5° 11	15	10	22	26	30	33	37	40	44	4
994	5° 47	54	34	57	6° 1	4	7	10	14	17	3
993	6° 20	23	26	29	32	35	38	41	44	47	3
992	6° 50	53	56	50	7° 2	4	7	10	12	15	3
991	7° 18	20	23	20	28	31	34	37	39	42	3
990	7° 44	47	40	52	54	57	50	8° 2	4	7	3

Multiplicateurs	90	80	70	60	50	40	30	20	0	00	Diff.
98	8° 30	53	9° 15	36	56	0° 10	35	53	11° 11	20	20
97	11° 45	12° 2	10	35	50	13° 0	21	35	50	14° 4	15
96	14° 18	32	40	59	15° 12	25	38	51	16° 3	10	18
95	16° 28	40	52	17° 4	15	27	38	40	18° 1	12	11
94	18° 23	34	44	55	19° 5	16	26	37	47	57	10
93	20° 7	17	27	37	46	56	21° 0	15	25	34	10
92	21° 43	52	22° 2	11	20	29	38	47	58	23° 4	9
91	23° 13	22	31	39	48	50	24° 5	13	21	30	9
90	24° 38	46	54	25° 2	11	10	27	35	43	51	8
89	25° 58	26° 0	14	22	29	37	45	52	27° 0	8	8
88	27° 15	23	30	38	45	52	28° 0	7	14	21	7
87	28° 20	30	43	50	57	29° 4	11	18	25	32	7
86	29° 39	46	53	30° 0	7	14	21	27	34	41	7
85	30° 48	54	31° 1	8	14	21	28	34	41	47	7
84	31° 54	32° 0	7	13	20	26	33	39	45	52	6
83	32° 58	33° 4	10	17	23	29	35	42	48	54	6
82	34° 0	6	12	10	25	31	37	43	49	55	6
81	35° 1	7	13	10	25	31	37	42	48	54	6
80	36° 0	6	12	18	23	29	35	41	46	52	6
79	36° 58	37° 4	9	15	21	26	32	38	43	49	6
78	37° 54	38° 0	0	11	17	22	28	33	39	44	6
77	38° 50	55	39° 1	6	12	17	23	28	33	39	5
76	39° 44	50	55	40° 0	6	11	16	22	27	33	5
75	40° 37	43	48	53	58	41° 4	9	14	19	25	5
74	41° 30	35	40	45	50	50	42° 1	0	11	16	5
73	42° 21	26	31	36	42	47	52	57	43° 2	7	5
72	43° 12	17	22	27	32	37	42	47	52	57	5
71	44° 2	7	12	17	21	26	31	36	41	46	5
70	44° 51	56	45° 1	5	10	15	20	25	30	36	5

EMPLOI ET DISPOSITION DES NOMBRES.

L'opération à faire pour ramener la longueur d'une ligne inclinée à la projection horizontale est des plus simples : On multiplie cette longueur par le nombre correspondant à l'angle de son inclinaison, nommé ici *multiplicateur* ; ainsi, par exemple, qu'une ligne de 80m8 soit inclinée de 8°47', on la rend horizontale en la multipliant 80m8 par 9949, nombre qui correspond au tableau à 8°47. Elle n'a plus alors que 80m39.

Dans la première colonne des tableaux sont les premiers chiffres à gauche des multiplicateurs, et en tête des dix colonnes suivantes leurs derniers chiffres à droite.

Dans ces dix colonnes se succèdent, de gauche à droite, les degrés et minutes auxquels les multiplicateurs correspondent. Cette correspondance a lieu comme dans la table de Pythagore.

Les chiffres y sont disposés de manière à faire obtenir instantanément des multiplicateurs pour toutes les inclinaisons possibles de minute en minute jusqu'à 45 degrés.

Exemples d'application :

Supposons d'abord qu'il s'agisse de ramener à l'horizon une ligne inclinée de 20°7'. On se porte à la 6e ligne de la 2e partie du tableau ; on y lit 20°7' dans la colonne surmontée du chiffre 90. Comme dans la première colonne à gauche se trouve le nombre 93 auquel doit se joindre ce chiffre 90, le multiplicateur dont on doit se servir est 9390.

Supposons ensuite une inclinaison de 20°17' à la ligne à ramener à l'horizon. On trouve 20°17' en la même ligne, dans la colonne suivante surmontée du chiffre 80 ; le multiplicateur est donc 9380.

Supposons, en troisième lieu, une inclinaison de 20°12', c'est-à-dire de 5' de moins, à cette même ligne. On consulte alors la colonne des différences (cette colonne est la dernière à droite), comme on le fait dans les calculs logarithmiques, pour modifier le 4e chiffre de 9380. La différence qui y figure étant de 10', il est évident que, pour 5 minutes de moins, moitié de 10', ce 4e chiffre sera 5, et le multiplicateur, par conséquent, 9385.

Le moyen d'obtenir un dernier chiffre par la connaissance de la différence est connu de tout le monde ; plus d'explications deviendraient superflues.

RACCOURCISSEMENT, PAR DÉCAMÈTRE DE LONGUEUR ET D'APRÈS LEUR PENTE PAR MÈTRE, DES CHAÎNAGES INCLINÉS RAMENÉS A L'HORIZON.

Pente.		Millimètres.	Pente.		Millimètres.
02c	—	002	09c	—	041
03	—	004	10	—	050
04	—	008	12	—	071
05	—	013	14	—	099
06	—	018	16	—	127
07	—	025	18	—	163
08	—	032	20	—	202

De la Mesure des Corps.

SURFACES PLANES.

'air d'un *triangle* rectiligne est égale à la moitié du duit de la base par la hauteur.

'aire d'un *parallélogramme* quelconque est égale au duit de la base par la hauteur.

'aire du *losange* a pour mesure une de ses diagonales la moitié de l'autre.

'aire du *trapèze* est égale au produit de la demi-somme deux côtés parallèles par la hauteur prise entre ses x côtés.

n *polygone* régulier a pour mesure la moitié du pro- de son périmètre par le rayon du cercle inscrit.

e *cercle* a pour mesure la moitié du produit de la onférence par le rayon.

'aire d'un *secteur de cercle* et l'aire totale du cercle entre elles comme la portion de circonférence de ce eur à la circonférence entière.

a *circonférence de l'ellipse* a pour mesure la moitié produit des deux axes les plus opposés, multiplié par 7.

'aire d'*une ellipse* est égale au produit de la superficie cercle, ayant pour diamètre le petit axe de cette e, augmenté dans la proportion qui existe entre le axe et le grand.

SURFACE DES POLYÈDRES.

Une *pyramide régulière*, lorsqu'on n'y comprend point sa base, a pour mesure la moitié du produit du périmètre de cette base, par la perpendiculaire abaissée du sommet sur un des côtés.

Un *cône droit* a pour mesure la moitié de la circonférence du cercle à sa base par sa hauteur.

Un *cylindre* a pour mesure la circonférence du cercle de la base par la hauteur.

Une *sphère* a pour mesure la circonférence d'un grand cercle par son diamètre.

Une *calotte sphérique* a pour mesure sa hauteur, multipliée par la circonférence d'un grand cercle.

Une *zone de sphère* est égale au produit de sa hauteur par la circonférence d'un cercle.

Le *segment de sphère* a pour mesure trois fois et 1/7 le produit de la plus grande hauteur par le plus grand diamètre de la sphère.

VOLUME DE SOLIDES.

Le volume de la *pyramide* et du *cône* se mesure en multipliant le produit de la superficie de la base par le tiers de la perpendiculaire qui tombe du sommet sur cette base.

Le volume de la *sphère* est égal à la superficie multipliée par le tiers du rayon, ou à la superficie de son grand cercle multipliée par les deux tiers du diamètre.

Le volume d'un *secteur sphérique* est égal à la superficie du segment sur lequel il s'appuie, multiplié par le tiers du rayon.

Le volume d'un *sphéroïde* est quadruple d'un cône dont la base a pour diamètre le petit axe, et pour hauteur la moitié du grand axe de ce même sphéroïde.

GÉODÉSIE (1)

PREMIÈRE PARTIE.

DIVISION DES TRIANGLES.

Solutions appropriées aux différents cas de division.

DIVISION DES TRIANGLES EN PARTIES ÉGALES PAR DES LIGNES TIRÉES D'UN DES ANGLES.

Pour partager un triangle quelconque en 2, 3, 4, 5 triangles égaux aboutissant à un même angle (*fig.* 1, 2, 3, 4, des planches), il suffit, sans se préoccuper de la contenance, de diviser le côté opposé à cet angle en 2, 3, 4, 5 parties égales.

DIVISION DES TRIANGLES EN PARTIES INÉGALES PAR DES LIGNES TIRÉES D'UN DES ANGLES.

Très-souvent, les contenances de ces parties inégales doivent rester en rapport entre elles. Il est inutile alors de se préoccuper de la surface du triangle. On divise le côté opposé à l'angle donné par la somme des contenances réunies, et on multiplie le quotient par chacune d'elles, prise séparément, pour avoir la largeur qui la détermine.

Soient à démarquer sur le côté CB *ayant* 250 *mètre de longueur du triangle* BAC (*fig.* 5), *de* C *en* B, *les largeurs de quatre parcelles devant contenir : la première,* 24 *ares ; la deuxième,* 29 *ares ; la troisième,* 14 *ares, et la quatrième,* 31 *ares, c'est-à-dire ensemble* 98 *ares.*

Après avoir divisé le côté CB de 250 mètres par 98 ares, on multiplie 2551, trouvés au quotient, par 24 ares, 29 ares, 14 ares, 31 ares ; les produits, 61 m. 225 mill.,

(1) Cet article est la reproduction textuelle d'un petit opuscule publié, en 1859, par M. Derivry et donné en prime aux abonnés du *Journal des Géomètres*.

73 m. 98 cent., 35 m. 715 mil., 79 m. 08 cent., sont les largeurs cherchées.

Quelle que soit la longueur de la ligne AD, quand on la mesurera (on peut la supposer, pour s'en convaincre, de 80 m. ce qui constituera le triangle en boni de 2 ares, ou seulement de 76 m., ce qui le mettra en déficit de 3 ares), ces largeurs seront toujours parfaites et assigneront aux parcelles leur part exacte et proportionnelle de bénéfice ou de perte.

Un triangle peut renfermer des parcelles à contenances fixes et invariables à côté d'autres parcelles qui ont à partager boni et déficit au prorata de leurs contenances. Pour asseoir toutes ces parcelles, on opère encore comme nous venons de le faire, mais seulement après les avoir réglées préalablement, en arrêtant le chiffre exact de leurs contenances définitives, et en mettant ces contenances définitives en parfaite concordance avec la contenance entière du triangle.

Sur une pièce réputée d'un hectare, mais ne contenant réellement, d'après arpentage, que 98 *ares* (fig. 5), *soient à établir les limites de quatre parcelles devant contenir, savoir: la première, par corde et mesure,* 24 *ares; la seconde également par corde et mesure,* 29 *ares; la troisième, sans garantie,* 14 *ares* 62; *et la quatrième, aussi sans garantie,* 32 *ares* 38.

Le déficit de 2 ares ne devant être supporté que par la troisième et par la quatrième proportionnellement à leur importance, il est clair que ces deux dernières devront être réduites à 14 et à 31 ares.

Cette réduction faite, on opérera comme dans le cas précédent et l'on obtiendra nécessairement le même résultat.

Quant la hauteur d'un triangle sur un de ses côtés est connue, le moyen de trouver la largeur à assigner sur ce côté à une parcelle, pour lui attribuer une contenance précise quelconque, est des plus simples. Il consiste à diviser le double de la surface de la parcelle par cette hauteur.

Soient donnés à détacher du triangle ABC (fig. 6), *dont on connaît la hauteur* BD *de* 60 *mètres,* 15 *ares, de* A *en* C.

On divisera le double de 15 ares, c'est-à-dire 30 ares

par 60 m., et l'on portera le quotient, 50 m., de A en C, au point E.

Quand on connaît la surface et la base d'un triangle, on en obtient la hauteur en divisant le double de cette surface par la base.

Ainsi, en supposant connue la base 50 m. du triangle de 15 ares ABE (*fig.* 6), on trouvera la hauteur 60 m., en divisant 30 ares, double de 15 ares, par cette base.

S'il était utile d'avoir la hauteur d'un triangle sur un de ses côtés, et que l'on n'en connût que les trois côtés, on serait tenu de chercher d'abord la surface de ce triangle par une des méthodes en usage, et l'on diviserait ensuite le double de cette surface par le côté. La méthode que nous croyons pouvoir recommander plus spécialement comme très-facile, consisterait à retrancher d'abord chacun des trois côtés du triangle de la demi-somme des côtés réunis ; à multiplier ensuite successivement, l'une par l'autre, les trois différences qui en résultent et cette demi-somme ; et enfin à extraire du produit la racine carrée.

On veut avoir la surface du triangle (fig. 7), *dont on ne connaît que les trois côtés*, 54 *m.* 8, 42 *m.* 2, 30 *m.* 4, *formant ensemble* 127 *m.* 4.

On retranche de la moitié de 127 m. 4 ou de 63 m. 7, ces trois côtés, on multiplie les trois différences 8 m. 9, 21 m. 5, 33 m. 3 et cette moitié, 63 m. 7, l'une par l'autre, ou autrement dire la première différence 8 m. 9, par la deuxième 21 m. 5, puis leur produit 191 m. 35 par la troisième différence 33 m. 3, enfin le produit qui résulte de cette deuxième multiplicatiou 6371 m. 955 par la moitié sus-indiquée 63 m. 7, et on a pour produit total 405,893 m., dont la racine, cherchée à la table (page 27, ligne 22) (1), est 637 m. 1, ou 6 ares 37 centiares, la surface demandée.

DIVISION DES TRIANGLES EN PARTIES ÉGALES PAR DES LIGNES PARALLÈLES A L'UN DES CÔTÉS.

Cette espèce de division s'effectue, sans que l'on ait encore à se préoccuper de la contenance des triangles, au

(1) La table à laquelle on devra se reporter pour suivre nos applications, est *celle des carrés* de la première partie des *Tables du Géomètre*.

moyen de *multiplicateurs géodésiques* tirés de la table des carrés.

On appelle *multiplicateurs géodésiques* les nombres avec lesquels on multiplie d'abord les deux côtés où viennent aboutir les parallèles pour obtenir les largeurs des parties sur ces côtés, et ensuite le troisième côté ou la hauteur du triangle sur ce troisième côté, quand on veut connaître en outre les longueurs des parallèles ou les hauteurs des nouveaux triangles qu'elles forment.

Ces *multiplicateurs géodésiques* sont ou *primitifs* ou *différentiels*; *primitifs*, quand ils restent en série, tels que les produits la table ; *différentiels*, quand ils représentent les différences successives qui existent entre les premiers. Ils sont appelés, dans le premier cas, à former une série de triangles successifs, et, dans le second, à déterminer les largeurs de chaque parcelle sur ses côtés non parallèles.

Rien de plus simple que de tirer de la table les *multiplicateurs géodésiques primitifs*.

Tout le monde sait que 500,000, aussi bien que 5, 50, ou 500, etc., expriment la moitié ; 333,333 le tiers : 666,666 les deux tiers : 250,000 le quart ; 750,000 les trois-quarts, etc., etc., d'un entier. Ces nombres, qui ne sont autre chose que l'unité divisée, avec une suite de zéros, par 2, 3, 4, etc., doivent être cherchés dans les carrés ; les racines qui leur correspondent deviennent les *multiplicateurs* dont on doit faire usage.

Soit la figure 8 *à diviser par moitié par une ligne parallèle à* A C.

Pour moitié, vous cherchez aux carrés le nombre 500,000, et, comme il n'y est pas, le plus rapproché de 500,000, c'est-à-dire 499,900 (page 30, ligne 22) ; vous reconnaissez que sa racine, qui devra vous servir de *multiplicateur géodésique*, est 7071. Vous n'avez plus dès lors qu'à multiplier les côtés 95 m., 57 m. 5, et si vous le voulez encore, ce qui très souvent n'est pas nécessaire, le troisième côté 102 m., et la hauteur du triangle 54 m. par 70 71. Les produits 67 17, 40 66, sont les longueurs à assigner à la moitié, à partir de l'angle B, et 72 m. 12, 38 m. 18, celles de la parallèle EF et de la perpendiculaire à cette parallèle GB.

Soit la pièce de terre triangulaire ABC (fig. 9), *à diviser en trois parties égales par des lignes parallèles au côté AC, en premier lieu, au moyen de multiplicateurs géodésiques primitifs, et en second lieu, au moyen de multiplicateurs géodésiques différentiels.*

Nous avons dit que les *multiplicateurs géodésiques primitifs* étaient tirés directement de la table. Nous devons donc chercher, à la table, les racines des nombres 333,333 représentant un tiers, et 666,666 représentant deux tiers. Ces racines sont, pour 333,275 nombre le plus rapproché du tiers, 5773 (page 25, ligne 24), et, pour 666,672 nombre le plus rapproché des deux tiers, 8165 (page 33, ligne 16). Par chacune d'elles nous multiplions les trois côtés 138 m., 102 m., 69 m., et la ligne BD des 54 m. Les produits 79 m. 67, 58 m. 90, 34 m. 64, 31 m. 17, deviennent les côtés et la hauteur du triangle formant le premier tiers à partir de l'angle B, et 112,74, 85 m. 30, 49 m. 50 et 44 m. 09, les côtés et la hauteur du triangle formant les deux tiers à partir du même angle.

Voulons-nous maintenant avoir les largeurs distinctes de chaque partie sur BA, BC et BD? Il nous suffira de déduire successivement les longueurs des côtés et les hauteurs les unes des autres. Ces largeurs distinctes seront : sur BA, 34 m. 64, 14 m. 36, 11 m. ; sur BC, 79 m. 67, 33 m. 07, 25 m. 26 ; et sur BD, 31 m. 17, 12 m. 92, 9 m. 91.

Pour effectuer la division de cette même pièce de terre triangulaire, au moyen de *multiplicateurs géodésiques différentiels*, la marche à suivre reste la même. Seulement, ce sont les différences existant entre les *multiplicateurs géodésiques primitifs*, le premier d'entre eux toutefois conservé, qui prennent la place de ceux-ci, sous le nom de *multiplicateurs géodésiques différentiels*.

Ces derniers sont ici par conséquent :

Pour la première partie, 5773 ;

Pour la seconde, la différence entre 5773 et 8165, c'est-à-dire 2392 ;

Pour la troisième, la différence entre 8165 et 10,000, c'est-à-dire 1835.

Réunis, ils doivent toujours, en quelque nombre de parties que se divise le triangle, former 10,000.

Multipliant donc les côtés BA, BC et la ligne BD par 5773, 2302, 1835, nous trouvons, pour longueurs dictinctes et successives de division, 34 m. 64, 14 m. 36 et 11 m. à porter sur BA ; 79 07, 33 07, 25 26 à porter sur BC, et enfin 31 17, 12 92, 0 91 à porter sur BD.

Nous ne cacherons pas la préférence que nous croyons devoir accorder, en règle générale, *aux multiplicateurs différentiels*. Avec eux on s'aperçoit toujours d'une erreur commise dans les multiplications, en quelque endroit qu'elle se glise ; on peut parfois ne pas s'en apercevoir avec les autres.

Ces quelques exemples nous paraissent suffisants pour mettre le lecteur à même de diviser très-promptement et rigoureusement les triangles par des lignes parallèles, en un nombre quelconque de parties, quelque grand qu'il soit.

S'il veut, du reste, rendre ce travail plus prompt et plus facile, il pourra se faire en une heure ou deux un petit tableau de *multiplicateurs géodésiques* tant *primitifs* que *différentiels*, applicables à tous les triangles dont la division ne s'étend pas au-delà de 12 parties égales. (1).

Il est assez rare, dans la pratique, d'avoir à diviser un triangle en plus de 12 parties égales ; du reste, quand une telle division se présente, il ne faut qu'un instant pour se procurer, à l'aide d'une table de carrés, les multiplicateurs nécessaires.

DIVISION DES TRIANGLES EN PARTIES ÉGALES PAR DES LIGNES PERPENDICULAIRES A UN DES CÔTÉS.

Cette espèce de division s'exécute, comme celle qui précède, quand le côté est adjacent à un angle droit. Elle se transforme en division en parties égales par des lignes perpendiculaires, quand il ne l'est pas. Le triangle alors se décompose en deux triangles qui ont pour hauteur une même perpendiculaire, mais qui ne donnent point lieu à ce que les quantités à prendre sur leurs contenances respectives restent égales entre elles.

DIVISION DES TRIANGLES EN PARTIES INÉGALES PAR DES LIGNES PARALLÈLES A UN DES CÔTÉS.

Les multiplicateurs géodésiques sont encore employés à cette division. Diviser l'unité suivie de zéros par la

(1) Ce petit tableau a été dressé par M. Derivry ; il prend place à la suite de cet article et n'est donc plus à faire.

surface totale du triangle (celle de toutes les parcelles réunies qu'il renferme), multiplier le quotient par la surface de chaque triangle successif à détacher, et chercher à la table la racine de chaque produit, tel est le moyen de les trouver.

On demande quels sont les multiplicateurs géodésiques primitifs *applicables au triangle* ABC (fig. 10), *contenant* 40 *ares, pour le diviser en trois parcelles qui contiennent, à partir du point B, la première* 11 *ares ; la deuxième,* 13 *ares, et la troisième,* 16 *ares.*

Voici l'opération à faire : Diviser l'unité par 40 ares, multiplier le quotient 25000 par 11 ares, contenance de la première parcelle, puis par 24 ares, contenance des deux premières parcelles réunies et chercher à la table les racines des deux produits, 275000 et 600000. Ces racines 52 44 (page 24, ligne 45), 77 46 (page 52, ligne 47), sont les multiplicateurs géodésiques primitifs à appliquer.

C'est donc par 52 44 et 77 46 que se multiplient les trois côtés 100 m., 80 mètres, 128 m. 06, et par les produits que ces nombres amènent, 52 m. 44, 41 m. 95, 67 m. 15, d'une part, et 77 m. 46, 61 m. 97, 99 m. 20 d'autre part, que sont déterminées les longueurs de côtés de chaque triangle successif.

Si l'on voulait se servir de *multiplicateurs géodésiques différentiels*, on prendrait comme tels les différences existant entre les *multiplicateurs géodésiques primitifs* (ces différences seraient ici 52 44, 25 02, 22 54), et par elles on multiplierait les côtés CB et AB. En opérant ainsi, on trouverait que les largeurs de chaque parcelle sur ces côtés doivent être 52 44, 67 15, pour la première ; 25 02, 32 05, pour la deuxième ; 22 54, 28 86, pour la troisième, à 5 millimètres près, comme on le voit à la figure.

DIVISION DES TRIANGLES EN PARTIES INÉGALES PAR DES LIGNES PERPENDICULAIRES A UN DES CÔTÉS.

Les lignes perpendiculaires à établir pour cette division sont toutes, eu égard à celle qui forme la hauteur du triangle sur le côté donné pris pour base, de véritables parallèles. Elles s'obtiennent, en conséquence, après que l'on a fait de la perpendiculaire formant cette hauteur le côté de triangle auquel les lignes de division entre les parties inégales doivent être parallèles, par les procédés que nous venons de donner.

Soient à former dans le triangle ABC (fig. 11), *trois parcelles qui contiennent, à partir du point B, la première 8 ares, la deuxième 10 ares et la troisième 7 ares.*

On décompose la figure en deux triangles, le triangle ABD (*fig.* 12,) de 14 ares 75 centiares, et le triangle ACD (*même fig.*), de 10 ares 25 centiares. On détache, au moyen des mêmes calculs que pour la *figure* 10, de l'un, la première parcelle de 8 ares, vers B, par la ligne EF parallèle à AD ; et de l'autre, la troisième parcelle 7 ares, vers C, par la ligne GH, également parallèle à AD. Quant à la deuxième parcelle de 10 ares, elle se compose du surplus des deux triangles.

Si l'on avait à diviser la figure 13 en 6 parcelles de contenances diverses par des perpendiculaires à CB, on la décomposerait encore en deux triangles, en élevant la perpendiculaire CE parallèle à DA, et on établirait dans chacun d'eux des lignes parallèles à CE, telles que *fg*, *hi*, *jk*, *lm*, *no*, en se servant de la méthode employée pour la division des figures 10 et 12.

DIVISION DES TRIANGLES EN PARTIES ÉGALES PAR DES LIGNES TIRÉES DE PLUSIEURS POINS DONNÉS.

Des co-partageants demandent la division de la figure 14 en deux lots égaux, par une ligne partant du point D.

On déterminera le point F par la proportion

CD : $\frac{1}{2}$ AC :: BC : CF, ou 78 : 51 :: 85 : CF = 5557.

La figure 15 est à diviser en trois parties égales, partant du même point D.

Le point H se détermine sur BC par

CD : $\frac{1}{3}$ AC :: BC : CH ou 78 : 34 :: 90 : CH = 39 2,

Et le point F par

CD : $\frac{2}{3}$ AC :: BC : CF ou 78 : 68 :: 90 : CF = 78 46.

La figure 16 est également à diviser en trois parties égales, par deux lignes partant du point D.

On trouve le point G par la proportion

AD : $\frac{1}{3}$ AC :: BA : AG ou 48 : 34 :: 101 : AG = 71 5.

Et le point H par cette autre

CD : $\frac{1}{3}$ AC :: BC : CH ou 54 : 34 :: 57 : CH = 35 9.

Le triangle (fig. 22) *est à fractionner en trois parties égales par trois lignes droites tirées de chaque angle pour se réunir à l'intérieur au même point.*

Le point demandé est celui où viennent aboutir les trois lignes de chaque angle, quand on les dirige sur le milieu du côté opposé.

C'est aussi le milieu de la ligne DE joignant les côtés BC et AC au tiers de leur longueur, à partir de AB.

On réclame que du point D, *donné à l'intérieur du triangle* ABC (fig. 17), *de* 27 *ares* 54 *centiares, partent trois lignes droites, dont une perpendiculaire à* AC, *destinées à diviser ce triangle en trois parts égales, et conséquemment de* 9 *ares* 18 *centiares chacune.*

Pour asseoir ces lignes, on imagine trois droites dirigées du point D aux trois angles, et l'on constate que les longueurs des lignes DE, DF, DG, perpendiculaires aux côtés, sont 24 m., 29 m., 14 m.

DE restant invariable, on détache du triangle CDB, de C en B, 3 ares 54 centiares, pour former avec les 5 ares 64 centiares du triangle CDE une première part de 9 ares 18 centiares ; et du triangle ADB, de A en B, 2 ares 58 centiares, pour former avec les 6 ares 60 centiares du triangle AED une deuxième part de 9 ares 18 centiares. On trouve la longueur CH de 24 m. 4 en divisant 7 ares 08 centiares, double de 3 ares 54 centiares, par 29 mètres, hauteur du triangle CDB, et celle AI de 37 m., en divisant 5 ares 16 centiares, double de 2 ares 58 centiares, par 14 m., hauteur du triangle ADB. Les deux premières parts faites, on s'assure par le calcul si la troisièmes contient bien, comme elles, 9 ares 18 centiares.

DIVISION DES TRIANGLES EN PARTIES INÉGALES PAR DES LIGNES TIRÉES D'UN OU DE PLUSIEURS POINTS DONNÉS.

Les procédés que nous allons employer pour le partage des *fig.* 18 et 19 sont, pour ainsi dire, les mêmes que ceux qui viennent de nous servir à diviser les *fig.* 14, 15 et 16. Ils n'en diffèrent qu'en ce que les bases doivent être partagées proportionnement aux contenances des parcelles de division, au lieu de l'être en parties égales.

Soient à diviser deux triangles en parcelles qui aient, à partir de points convenus, les contenances et limites qu'indiquent les fig. 18 et 19.

A l'égard de la *fig.* 18, nous devrons d'abord diviser la base AC de 102 m. par 27 ares 50 centiares, et multiplier le quotient par 8 ares 25 centiares, ce qui nous donnera pour produit la longueur AE de 30 m. 6.

Nous ferons ensuite la proportion :
AD : AE :: AB : x = AF, ou 53 : 30,6 :: 88 : AF = 50,8.

Agissant de la même manière à l'égard de la *fig.* 19, nous diviserons la base AC de 102 m. par 27 ares, et nous multiplierons le quotient par 4 ares 50 centiares, surface de la première parcelle, et par 11 ares 25 centiares, surface des deux premières parcelles réunies, ce qui nous procurera la longueur CH de 17 m., et celle CI de 42 m. 5.

Après quoi nous ferons les proportions
CE : CH :: BC : x = CG, ou 60 : 17 :: 104 : CG = 29,47.
CE : CI :: BC : x = CF, ou 74 : 42,5 :: 104 : CF = 59,7.

La pièce de terre (fig. 20), *de* 27 *ares* 84 *centiares, est à partager par deux lignes tirées des points D et E, en trois parcelles, de manière à ce qu'elles contiennent, à partir de l'angle C, la première* 10 *ares* 14; *la deuxième* 10 *ares* 47, *et la troisième* 6 *ares* 93.

Il suffit d'une minute d'examen pour faire naître la pensée que la première parcelle ne doit être adjacente qu'à une partie du côté CA, et que la troisième ne doit l'être également qu'à une partie du côté BA. Il est, dès lors, convenable d'abaisser, des points E et D, les perpendiculaires EH et DF, et de diviser le double de la surface des première et troisième parcelles par ces perpendiculaires. Comme la ligne EH a 26m et celle de DF 80m8, le calcul démontre qu'il faut donner pour base à la première parcelle, sur CA, la longueur CJ de 78m et à la troisième, sur BA, la longueur BI de 45m.

DEUXIÈME PARTIE.

DIVISION DES TRAPÈZES.

Il est superflu que nous nous occupions de la division des trapèzes par des lignes tirées entre les côtés parallèles, soit en parties égales, soit en parties inégales; car tout le monde sait qu'elle s'effectue, dans le premier cas, en divisant chaque base par le nombre de parties données, comme l'indique la figure 21, fractionnée en quatre parts égales, et, dans le second, en partageant chaque base dans le rapport qu'elles ont entre elles, eu égard à leur contenance totale.

DIVISION DES TRAPÈZES EN PARTIES ÉGALES PAR DES LIGNES PARALLÈLES AUX BASES.

Nous commencerons par faire remarquer que la partie la plus importante de l'opération consiste à déterminer les longueurs que doivent avoir ces parallèles, puisque, lorsqu'on divise le double de la surface d'une parcelle d'un trapèze par les longueurs réunies des deux parallèles qui sont ses bases, on obtient la hauteur de cette parcelle.

On détermine ces longueurs en joignant successivement au carré de la petite base autant de parts égales de la différence entre le carré de la petite base et celui de la grande qu'il y a de parcelles à faire, et en prenant la racine de chaque somme.

Un seul exemple le fera bien comprendre :

La figure 23 d'un hectare devant être partagée en quatre parties égales, on veut connaître les longueurs exactes des lignes divisoires.

La différence entre le carré de la grande base de 140m0 (19 600) et celui de la petite de 60m0 (36 00) est 16 000. En joignant trois fois successivement le 1/4 de cette différence (4 000) au carré de la petite base (3 600), on obtient 7 600, 11 600, 15 600, dont les racines 87.2, 107.7, 124.9 sont les longueurs demandées.

En divisant ensuite 50 ares, double de la surface de chaque parcelle, par les longueurs réunies de ses deux bases, c'est-à-dire par 147.2, 194.9, 232.6, 264.9, on trouve que les largeurs successives applicables à chaque partie sont : 33.97, 25.65, 21.50, 18,88.

Il va sans dire que, si l'on voulait assigner aux parcelles leurs largeurs sur les lignes AD et BC, on déterminerait ces largeurs par les proportions suivantes :

100 : 111.8 :: 33.97 : Bf = 37.978,
25.65 : fg = 28.677,
21.50 : gh = 24.037,
18.88 : hC = 21.108,
100 : 104.4 :: 33.97 : Al = 35.46,
25.65 : lj = 26.78,
21.50 : ji = 22.45,
18.8 : iD = 19.71.

DIVISION DES TRAPÈZES EN PARTIES INÉGALES PAR DES LIGNES PARALLÈLES AUX BASES.

On opère cette division comme celle qui précède, mais en ayant soin de diviser la différence entre les carrés des bases, non plus en parties égales, mais par la surface totale; de multiplier le quotient par les contenances successives des parcelles à former, à partir de la petite base, et de joindre successivement les produits au carré de cette petite base. Les racines des nombres obtenus de la sorte sont toujours les longueurs que doivent avoir les parallèles divisoires.

EXEMPLE : *L'hectare de la figure 23 est à partager en trois pièces, et ces pièces* (fig. 24) *doivent contenir, à partir de la petite base, la première*, 28 *ares ; la deuxième*, 32 *ares ; et la troisième*, 40 *ares.*

Nous diviserons ici la différence entre les carrés des bases, que nous avons vu plus haut être 16 000, par la surface 100 ares, nous multiplierons le quotient 160 par 28 ares, 32 ares et 40 ares, et nous en joindrons successivement les produits 4 480, 5 120, 6,400 au carré 3 600 de la petite base. Nous obtiendrons de la sorte les nombres 8 080, 13 200 et 19 600 dont les racines 89.9, 114.9, 140.0 représentent les longueurs des deux lignes divisoires et de la grande base.

Des proportions analogues à celles que nous avons employées dans la division du même hectare, en quatre parties égales, nous procureront les largeurs 41.708, 34.938, 55.094, à assigner aux trois pièces sur la ligne BC, et celles 39.004, 32.023, 32.771, à assigner également auxdites pièces sur la ligne AD.

TROISIÈME PARTIE.

DIVISION DES QUADRILATÈRES IRRÉGULIERS.

DIVISION DES QUADRILATÈRES IRRÉGULIERS PAR DES LIGNES QUI COUPENT LES CÔTÉS EN PARTIES PROPORTIONNELLES.

Pour effectuer cette division, il faut commencer par substituer au quadrilatère irrégulier un trapèze équivalent à même progression d'élargissement d'une base à l'autre, et opérer ensuite sur ce nouveau trapèze de la manière ordinaire.

SUBSTITUTION DU TRAPÈZE AU QUADRILATÈRE IRRÉGULIER.

Deux superficies, *la superficie réelle*, c'est-à-dire la surface exacte du quadrilatère, et *la superficie de base*, c'est-à-dire la surface que donne la base multipliée par la demi-somme des deux perpendiculaires abaissées sur cette base, soit à l'intérieur, soit à l'extérieur de la figure, mènent à l'établissement du nouveau trapèze. Voici comment :

Du double de la SUPERFICIE RÉELLE, *on ôte la* SUPERFICIE DE BASE, *et l'on a pour former ce nouveau trapèze :*

1° *Dans cette dernière, l'une des bases ;*

2° *Dans la différence, l'autre base ;*

3° *Et dans le nombre* 1, *ou* 10, *ou* 100, *ou* 1,000 *m. pris* ad libitum, *la hauteur.*

Les largeurs des parcelles qui résultent de la division du trapèze équivalent, constituent des *multiplicateurs géodésiques* qu'on applique ensuite au quadrilatère irrégulier et qui y déterminent les largeurs exactes et définitives des mêmes parcelles, soit sur les côtés, soit sur les perpendiculaires.

Soit le quadrilatère irrégulier (fig. 25), *de 84 ares, à diviser en trois parties égales.*

La différence entre 168 ares, double de la *superficie réelle*, et 109 ares 20, *superficie de base*, produit de la multiplication de 156 m. longueur totale de la base, par 70 m., demi-somme des perpendiculaires AE et BF, est 58 ares 80.

Transformant en mètres cette différence, ainsi que la superficie de base, nous en faisons les bases d'un trapèze ABCD, de 100 m. de hauteur (*fig.* 26), que nous substituons au quadrilatère irrégulier et que nous divisons de la même manière que la *fig.* 25.

Voici comment nous procédons :

Nous joignons le tiers de la différence entre le carré de 58 m. 8 (3 457) et celui de 109 m. 2 (11 924) — ce tiers est de 2 822 — deux fois de suite à ce même carré de 58 m. 8 (3 457). Les racines des nombres que nous obtenons, 6 279, 9,101, sont 79 m. 24, 95 m. 40, et deviennent des longueurs des parallèles divisoires.

Divisant ensuite 56 ares, double de la contenance de chaque partie égale, par la somme de ses deux bases, c'est-à-dire en premier lieu par 138.04, en second lieu par 174.64, et en troisième lieu par 204.6, nous trouvons que les largeurs successives des trois parcelles sont, à partir de la ligne AB, 40.567, 33.066, 27.367 : nous les appliquons comme *multiplicateurs géodésiques*, tout spécialement aux côtés BC, AD, et, si nous le trouvons utile, aux perpendiculaires AE et BF, ainsi qu'aux segments DE et CF de la *figure* 25; et nous assignons de la sorte aux trois parties égales leurs largeurs respectives cotées à ladite figure, à savoir : 38m705, 30.594, 26.111, de B en C; 26m214, 20m721, 17m685, de A en D.

Si le quadrilatère irrégulier devait être partagé en parties inégales, on opérerait sur le trapèze équivalent comme on l'a fait sur le trapèze, *fig.* 24.

Avant de terminer, nous pourrions peut-être nous occuper un peu de la division des quadrilatères irréguliers par des lignes partant de points désignés sur un côté : mais les moyens à employer sont très simples, très faciles et surtout pleins d'analogies avec quelques-uns de ceux que nous avons exposés dans cet abrégé; on comprendra, dès lors, que nous nous en abstenions.

Nous ne nous occuperons pas davantage de la division des polygones irréguliers. Ces polygones se composent toujours de quadrilatères et de triangles, et, comme tels, ne peuvent être soumis, par conséquent, qu'aux méthodes que nous venons d'indiquer et qui les concernent.

Du reste, le cadre adopté d'avance pour cette brochure ne nous permet pas de prolonger plus loin notre travail.

MULTIPLICATEURS GÉODÉSIQUES
POUR
DIVISER PROMPTEMENT ET RIGOUREUSEMENT LES TRIANGLES
EN PARTIES ÉGALES

Par des lignes parallèles à l'un des côtés (1).

DIVISION.	Numéros des parcelles (2)	MULTIPLICATEURS primitifs (3)	MULTIPLICATEURS différentiels (4)
moitié	1	7071	7071
	2		2929
p. tiers.	1	5773	5773
	2	8165	2392
	3		1835
p. quart.	1	5000	5000
	2	7071	2071
	3	8660	1589
	4		1340
en 5 parties.	1	4472	4472
	2	6325	1853
	3	7745	1420
	4	8944	1199
	5		1056
en six parties.	1	4036	4036
	2	5773	1737
	3	7071	1298
	4	8165	1094
	5	9129	964
	6		871
en 7 parties	1	3780	3780
	2	5345	1565
	3	6547	1202
	4	7559	1012
	5	8451	892
	6	9247	796
	7		753
en 8 parties.	1	3536	3536
	2	5000	1464
	3	6124	1124
	4	7071	947
	5	7906	835
	6	8660	754
	7	9354	694
	8		646
en 9 parties.	1	3333	3333
	2	4714	1381
	3	5773	1059
	4	6666	893
	5	7454	788
	6	8165	711
	7	8819	654
	8	9428	609
	9		572
en 10 parties	1	3162	3162
	2	4472	1310
	3	5477	1005
	4	6325	848
	5	7071	746
	6	7745	674
	7	8367	622
	8	8944	577
	9	9487	543
	10		513
en 11 parties.	1	3015	3015
	2	4264	1249
	3	5222	958
	4	6031	809
	5	6742	711
	6	7385	643
	7	7977	592
	8	8528	551
	9	9045	517
	10	9535	490
	11		465
en 12 parties.	1	2887	2887
	2	4036	1149
	3	5000	964
	4	5773	773
	5	6455	682
	6	7071	616
	7	7637	566
	8	8165	528
	9	8660	495
	10	9129	469
	11	9574	445
	12		426

(1) On se sert de ces *multiplicateurs* en prenant les côtés du triangle pour multiplicandes.

(2) Ces numéros indiquent le nombre et l'ordre des parts détachées dans le triangle à partir de l'angle opposé aux parallèles.

(3) Leurs produits représentent les cotes de longueur d'un chainage à faire en cumulant les mesures parcellaires, toujours à partir de l'angle opposé aux parallèles.

(4) Leurs produits donnent la longueur des bouts de la parcelle à laquelle ils s'appliquent.

3.

NOTES, DOCUMENTS & TABLEAUX

Relatifs aux travaux exécutés le plus fréquemment sur terrain.

Déclinaison et inclinaison de l'aiguille aimentée.

La déclinaison et l'inclinaison de l'aiguille aimentée ont été observées, à Paris, par M. Laugier, avec un théodolite-boussole de M. Brunner, dans le grand jardin de la Maternité, en un point situé à environ 100 mètres au nord de la face septentrionale de l'Observatoire.

Le 21 octobre 1863, vers 1 heure 24 minutes, la déclinaison était 19°6', 2 NO. On avait trouvé en 1861, le 26 octobre, 19°26', 3 NO ; l'observation de 1863 donne donc 20'1 pour la diminution de la déclinaison de 1861 à 1863.

Le 25 octobre 1863, vers deux heures, l'inclinaison était 66°1', 2.

On avait trouvé en 1861, le 28 octobre, 66°7', 2 ; l'observation de 1863 donne donc 6', 0 pour la diminution de 1861 à 1863.

Les dernières observations magnétiques insérées dans l'*Annuaire du Bureau des Longitudes*, (édition de 1867), celles postérieures ne pouvant plus, par suite de la pose sous le sol du jardin de la Maternité en juin 1865 de tuyau de conduite pour le gaz d'éclairage, présenter une complète certitude, remontent au 21 octobre 1864.

A cette date la déclinaison était 18°57'7 N. O. et l'inclinaison 66°3'.

Aussitôt que de plus récentes y seront indiquées, le *Journal des Géomètres* s'empressera de les publier.

Le *Journal des Géomètres* a publié, dans son numéro de décembre 1875, un tableau de la déclinaison de l'aiguille aimantée, depuis 1550 jusqu'à nos jours, dressé par M. Gillet, géomètre à Joinville (Haute-Marne). Voici la partie de ce tableau relative aux années postérieures à 1864.

DÉCLINAISON OUEST.

1865	18° 47'
1866	18 42
1867	18 32
1868	18 24
1869	18 16
1871	17 57
1873	17 33
1874	17 30
1875	17 23

TABLEAU

PRÉSENTANT LES VARIATIONS DE L'AIGUILLE AIMENTÉE POUR CHAQUE HEURE DE LA JOURNÉE.

Matin. 8h	0° 00'	Soir 3h 1/2	0° 08'
8 3/4	0 01	4	0 08
9	0 01	4 1/2	0 07
9 1/2	0 03	5	0 07
10	0 04	5 1/2	0 06
10 1/2	0 05	6	0 06
11	0 06	6 1/2	0 06
11 1/2	0 07	7	0 06
Midi	0 08	7 1/2	0 05
Soir » 1/2	0 09	8	0 05
1	0 10	8 1/2	0 04
1 1/2	0 10	9	0 04
2	0 10	9 1/2	0 03
2 1/2	0 10	10	0 02
3	0 09	Minuit	0 00

La boussole est assujettie à une petite déclinaison diurne ; vers 8 heures, l'aiguille se met en mouvement, son action devient plus sensible entre midi et 3 heures ;

le soir, elle est stationnaire et pendant la nuit elle revient au point d'où elle était partie. Cette déclinaison ne dépasse guerre 10 minutes, excepté dans le cours des trois ou quatre mois qui suivent l'équinoxe du printemps où elle parvient à environ 16 minutes.

Voici les observations faites à ce sujet :

A huit heures, l'aiguille se maintient dans sa position normale et n'éprouve aucune influence d'attraction étrangère.

Ce n'est qu'à 9 heures moins un quart que l'on remarque une petite déviation qui augmente à peu près d'une manière régulière jusqu'à 1 heure après-midi, heure à laquelle son maximum est ordinairement atteint.

L'aiguille conserve cette position jusqu'à 2 heures 1/2 et se rapproche ensuite d'une manière insensible de sa position naturelle. Quelquefois à dix heures ou minuit elle a repris sa position vraie, mais souvent cette position ne se rétablit que le matin. A six heures du matin, la position naturelle de l'aiguille est rétablie ; mais vers 6 heures 1/2 ou 3/4 elle change de position assez brusquement pour se diriger à l'Est. Cette déviation opposée atteint ordinairement 5 minutes et dure jusqu'à l'approche de 8 heures.

Cette variation diurne n'est pas régulière et peut différer d'un jour à l'autre de 5 minutes, mais cette augmentation de détournement n'a lieu que rarement ; c'est pourquoi on peut établir une moyenne de déviation pour toutes les heures de la journée comme le tableau qui précède l'indique.

Ces déviations influent nécessairement sur le levé des plans ; mais il est excessivement facile à l'opérateur d'en tenir compte lorsqu'il le juge convenable.

TRACÉS DE LA LIGNE MÉRIDIENNE (1).

1° *Au moyen de l'étoile polaire.*

On peut employer à la détermination de la méridienne l'étoile polaire qui est aisée à trouver, quand on connaît la constellation si remarquable nommée la *Grande Ourse* ou le *Grand Charriot*. Cette étoile n'étant pas précisément au pôle, paraît décrire autour de ce point un cercle qui s'en écarte d'un grade 96 minutes 29 secondes. L'on commettrait donc une erreur assez forte, si l'on prenait l'éloignement de l'étoile polaire quand ell se trouve au point le plus oriental ou le plus occidental de son cercle diurne. Il faut, au contraire, tâcher de saisir le moment où elle est dans le méridien, ce qui lui arrive deux fois en vingt-quatre heures, savoir : une fois au-dessus du pôle, et l'autre fois au-dessous.

On reconnait facilement ces instants, parce qu'alors l'étoile polaire se trouve dans le même plan vertical que la troisième de la queue de la grande Ourse. Pour s'en bien assurer il faut suspendre un fil-à-plomb, se placer à quelque distance derrière et attendre que les deux étoiles soient cachées par ce fil. Il ne s'agit plus alors que de tracer l'alignement indiqué par le fil et l'étoile ; c'est ce qu'on peut faire, si l'on a eu l'attention de remarquer dans l'horizon, ou sur quelque objet éloigné, un point qui fût traversé par le fil en même temps que les deux étoiles. Cela fait, laissant en place le fil-à-plomb, on pourra, au jour, tirer une droite passant par son pied et par le point déterminé comme on vient de le dire, ce sera la méridienne demandée.

On a déjà dit que l'étoile de la grande Ourse ne passait pas précisément au méridien au même instant que l'étoile polaire, donc, la ligne que l'on trace de cette manière, n'est pas la méridienne vraie. L'étoile polaire passe maintenant 6 minutes 44 à 45 secondes plus tard que la troisième de la queue de la grande Ourse ; ainsi, lorsque les deux étoiles sont cachées par le fil-à-plomb, élevé sur le point dont on cherche la méridienne, on attendra en-

(1) Ces tracés sont ceux indiqués dans la *Géodésie de Croizet.*

core 6 minutes 45 secondes avant d'arrêter un objet placé dans l'alignement de l'étoile polaire qui sera alors dans le méridien. Si c'est une lunette ou deux fils-à-plomb qui sont dirigés sur ces deux étoiles, ils restent dans cet état jusqu'au moment où le jour permet de mettre une suite de jalons dans leur direction, qui, aussi, est celle qui va directement vers le nord.

2° *Au moyen du soleil à midi vrai* :

Si l'on a une montre bien réglée sur le midi vrai, en observant à la fois et à l'instant de midi précis les deux bords du soleil, et en faisant placer un jalon dans la direction de la moitié de l'angle observé, on aura la ligne méridienne.

Lorsque vous observez le soleil, interposez un verre entre l'œil et l'oculaire de la lunette, afin de pouvoir fixer cet astre, et mettez ses deux bords en contact avec le fil vertical ; alors la moitié de l'arc donne la direction du centre du soleil.

Les deux bords du soleil devant être observés au même instant, le secours de deux observateurs est nécessaire.

3° *Au moyen du soleil vers le matin et vers le soir.*

On peut, le matin, placer un jalon, dans la direction de l'un des bords du soleil, et à pareille distance de midi, le soir (en ayant égard à la déclinaison), faire planter un second jalon dans la direction de l'autre bord de cet astre ; la moitié de l'angle compris entre les jalons donnera aussi la direction méridienne.

Heure de passage de l'étoile polaire au méridien de Paris en 1875, temps moyen.

		Passage supérieur. h. m. s.			Passage supérieur. h. m. s.
JANVIER.	0	6 32 43 S.	JUIN	20	0 48 49 M.
	10	5 53 16 S.	JUILLET.	9	0 8 39 M.
	20	5 15 48 S.		19	5 26 30 M.
		Passage inférieur.		29	4 47 20 M.
	20	5 15 46 M.	AOUT....	8	4 8 9 M.
	30	4 36 18 M.		18	3 28 59 M.
FÉVRIER.	9	3 56 50 M.		28	2 49 45 M.
	19	3 17 24 M.	SEPTEMB.	7	2 10 33 M.
MARS....	1	2 37 59 M.		17	1 31 18 M.
	11	1 58 34 M.		27	0 52 2 M.
	21	1 19 11 M.	OCTOBRE	7	0 12 46 M.
	31	0 39 51 M.		10	0 0 59 M.
AVRIL ...	10	0 0 31 M.		10	11 59 3 S.
	10	11 56 36 S.		17	11 29 32 S.
	20	11 17 18 S.		27	10 50 12 S.
	30	10 38 3 S.	NOVEMB.	6	10 10 51 S.
MAI......	10	9 58 40 S.		16	9 31 29 S.
	20	9 19 36 S.		26	8 52 5 S.
	30	8 40 24 S.	DÉCEMB.	6	8 12 39 S.
JUIN	9	8 1 13 S.		16	7 33 13 S.
	19	7 22 3 S.		26	6 53 46 S.
	20	6 42 53 S.		31	6 34 2 S.

Soit p l'heure du passage au méridien de Paris ; elle sera $p \pm n \times 0^s,164$ dans le lieu dont la longitude est de n minutes de temps. La correction $n \times 0^s,164$ est additive ou soustractive, suivant que le lieu est à l'est ou à l'ouest de Paris ; elle est fort petite pour la France. A Brest, $n = 27^m$ O, elle est de $4^s,4$ soustractive.

Les lettres M et S indiquent matin et soir.

TABLE DE CONCORDANCE

des Calendriers français et grégorien (1).

	AN 2	3	4	5	6	7		AN 8	9	10	11	12	13	14
	1793	1794	1795	1796	1797	1798		1799	1800	1801	1802	1803	1804	1805
1 Vend.	22	22	23	22	22	22	Septembre.	23	23	23	23	24	23	23
15 »	6	6	7	6	6	6	Octobre.	7	7	7	7	8	7	7
1 Brum.	22	22	23	22	22	22	»	23	23	23	23	24	23	23
15 »	5	5	6	5	5	5	Novembre.	6	6	6	6	7	6	6
1 Frim.	21	21	22	21	21	21	»	22	22	22	22	23	22	22
15 »	5	5	6	5	5	5	Décembre.	6	6	6	6	7	6	6
1 Niv.	21	21	22	21	21	21	»	22	22	22	22	23	22	22
	1794	1795	1796	1797	1798	1799		1800	1801	1802	1803	1804	1805	
15 »	4	4	5	4	4	4	Janvier.	5	5	5	5	6	5	
1 Pluv.	20	20	21	20	20	20	»	21	21	21	21	22	21	
15 »	3	3	4	3	3	3	Février.	4	4	4	4	5	4	
1 Vent.	19	19	20	19	19	19	»	20	20	20	20	21	20	
15 »	5	5	5	5	5	5	Mars.	6	6	6	6	6	6	
1 Germ.	21	21	21	21	21	21	»	22	22	22	22	22	22	
15 »	4	4	4	4	4	4	Avril.	5	5	5	5	5	5	
1 Flor.	20	20	20	20	20	20	»	21	21	21	21	21	21	
15 »	4	4	4	4	4	4	Mai.	5	5	5	5	5	5	
1 Prair.	20	20	20	20	20	20	»	21	21	21	21	21	21	
15 »	3	3	3	3	3	3	Juin.	4	4	4	4	4	4	
1 Mess.	19	19	19	19	19	19	»	20	20	20	20	20	20	
15 »	3	3	3	3	3	3	Juillet.	4	4	4	4	4	4	
1 Therm.	19	19	19	19	19	19	»	20	20	20	20	20	20	
15 »	2	2	2	2	2	2	Août.	3	3	3	3	3	3	
1 Fruct.	18	18	18	18	18	18	»	19	19	19	19	19	19	
15 »	1	1	1	1	2	1	Septembre.	2	2	2	2	2	2	
5e jr comp.	21	21	21	21	21	21	»	22	22	22	22	22	22	
6e »		22				22	»				23			

(1) Cette table est destinée à rendre uniforme, plus claire et plus intelligible l'indication des dates des actes dans les applications de titres.

TABLE de conversion des fractions ordinaires le plus souvent appliquées aux perches ou verges des anciens plans, en fractions décimales, pour servir à transformer les cotes de ces plans en cotes métriques.

Tiers.	Quarts.	6mes.	8mes.	12mes.	16mes.	24mes.	48mes.	Fractions décimales.	Tiers.	Quarts.	6mes.	8mes.	12mes.	16mes.	24mes.	48mes.	Fractions décimales.
							1	02 08								25	52 08
						1	2	04 17							13	26	54 17
					1		3	06 25						9		27	56 25
				1		2	4	08 33					7		14	28	58 33
							5	10 42								29	60 42
			1		2	3	6	12 50				5		10	15	30	62 50
							7	14 58								31	64 58
		1		2		4	8	16 67	2/3		4		8		16	32	66 67
					3		9	18 75						11		33	68 75
						5	10	20 83							17	34	70 83
							11	22 92								35	72 92
	1/4		2	3	4	6	12	25 00		3/4		6	9	12	18	36	75 00
							13	27 08								37	77 08
						7	14	29 17							19	38	79 17
					5		15	31 25						13		39	81 25
1/3		2		4		8	16	33 33			5		10		20	40	83 33
							17	35 42								41	85 42
			3		6	9	18	37 50				7		14	21	42	87 50
							19	39 58								43	89 58
				5		10	20	41 67					11		22	44	91 67
					7		21	43 75						15		45	93 75
						11	22	45 83							23	46	95 83
							23	47 92								47	97 92
	1/2	3	4	6	8	12	24	50 00									

APPLICATION.

On sait que la verge dont on s'est servi pour lever un lan a 22 pieds, et par conséquent 7 mètres 146 millimètres de longueur, et l'on a à transformer les cotes suivantes, 6 v. 7/12, 9 v. 13/16, 8 v. 7/24, et 7 v. 13/48 de ce plan, en cotes métriques.

En remplaçant les fractions ordinaires par les fractions décimales, on multipliera 6 v. 5833, 9 v. 8125, 8 v. 2917 et 7 v. 2708 par 7 mètres 146, et l'on obtiendra pour cotes métriques 47m04, 70m12, 59m25, 52m03.

Ainsi, pour convertir les cotes d'un ancien plan quelconque en cotes métriques, il faut connaître d'abord la longueur métrique de la verge employée pour le lever, et multiplier les verges et fractions décimales de verge desdites cotes par cette longueur.

TABLE des hauteurs H *du niveau apparent au-dessus du niveau vrai et des élévations* E *causées par la réfraction, depuis* 40 *mètres jusqu'à* 10,000 *mètres.*

DISTANCE.	H	E	DISTANCE.	H	E
m	m.	m.	m.	m.	m.
40	0 0001	0 0000	1900	0 2835	0 0454
100	0 0008	0 0001	2000	0 3142	0 0503
200	0 0031	0 0005	2500	0 4909	0 0785
300	0 0071	0 0011	3000	0 7069	0 1131
400	0 0126	0 0020	3500	0 9621	0 1539
500	0 0196	0 0031	4000	1 2566	0 2011
600	0 0283	0 0045	4500	1 5901	0 2545
7 0	0 0385	0 0062	5000	1 9635	0 3142
800	0 0503	0 0080	5500	2 3758	0 3801
900	0 0636	0 0102	6000	2 8274	0 4524
1000	0 0785	0 0126	6500	3 3183	0 5309
1100	0 0950	0 0152	7000	3 8484	0 6157
1200	0 1131	0 0181	7500	4 4179	0 7069
1300	0 1327	0 0212	8000	5 0265	0 8042
1400	0 1539	0 0246	8500	5 6745	0 9079
1500	0 1767	0 0283	9000	6 3617	1 0179
1600	0 2011	0 0322	9500	7 0882	1 1341
1700	0 2270	0 0363	10000	7 8500	1 2566
1800	0 2545	0 0407			

La quantité désignée par H, dans cette table, est celle qu'une horizontale tangente à une courbe de niveau en un certain point, intercepte au-dessus de cette courbe, sur la verticale d'un point éloigné du premier.

La quantité E est celle dont un objet paraît plus élevé qu'il ne l'est réellement, en vertu de la réfraction atmosphérique.

NOTES, DOCUMENTS ET TABLEAUX

RELATIFS AUX TRAVAUX DE CABINET.

CONSTRUCTION DES PLANS.

ÉCHELLES.

MOYENS DE DOTER D'ÉCHELLES INDICATIVES DE LONGUEURS MÉTRIQUES LES ANCIENS PLANS SANS ÉCHELLES, DANS PLUSIEURS CAS DONNÉS.

1° *Lorsque les figures renferment des indications de contenances à une mesure connue.*

On calcule avec soin, graphiquement, à une échelle quelconque, la contenance de plusieurs figures, et, lorsqu'on l'a obtenue, on fait pour chacune d'elles la proportion suivante :

La racine de la contenance réelle est à la racine de la contenance graphique comme l'unité de l'échelle employée est à la longueur à prendre sur cette même échelle pour former l'unité de celle à construire.

Exemple :

Calculée à l'échelle de 1 à 1000, la figure dont la contenance réelle accusée en ancienne mesure correspond à 20 ares 10 centiares, contient 15 ares.

La racine de 20 ares 10 centiares est 4490, et celle de 15 ares, 3873.

La proportion à faire est celle-ci :

4490 : 3873 :: 1 : x = 0,86258.

Les longueurs à prendre sur l'échelle de 1 à 1000 et qui serviront à construire l'échelle applicable à cette figure, seront par conséquent :

1° Pour 1 mètre, 0 mil. 86238,
2° — 10 mètres, 8 mil. 6238,
3° — 100 mètres, 86 mil. 238,

données certaines et au moyen desquelles il devient très facile de bien établir toutes les divisions.

Si le résultat obtenu par le calcul de chacune des figures est exactement le même, on en conclut que le plan qui les renferme est parfaitement construit.

2° *Lorsque les figures renferment des indications de contenances en verges ou perches dont on ne connaît pas très positivement la longueur, ou bien même n'en renferment pas du tout.*

Il est presque toujours possible de trouver dans les anciens plans des points qui n'aient pu varier. Lorsqu'on les a reconnus, on mesure très exactement, à l'aide d'une chaîne sur le terrain et d'une échelle sur le plan, les distances qui les séparent et l'on fait cette proportion :

La longueur mesurée à la chaîne sur le terrain est à celle prise à une échelle sur le plan comme l'unité de sa division est à la longueur à prendre sur cette même échelle pour former l'unité de celle à construire.

Exemple :

Deux points distants de 240 mètres sur le terrain, ne sont trouvés distants que de 204 mètres sur le plan à l'échelle de 1 à 1000.

La proportion à faire sera celle-ci :

$240^{m} : 204^{m} :: 1 : x = 0$ mil. 8500.

Les longueurs sur l'échelle de 1 à 1000 qui serviront à établir l'échelle de l'ancien plan, seront donc :

1° Pour 1 mètre, 0 mil. 8500,
2° Pour 10 mètres, 8 mil. 500,
3° Pour 100 mètres, 80 mil. 50.

Employée à calculer les surfaces de figures dont les contenances seraient déjà exprimées en verges, mais en verges d'une importance un peu incertaine, parce que la longueur n'en aurait pas été indiquée, cette dernière échelle mettra de suite celui qui opère à même de connaître avec certitude cette longueur.

TABLE

pour convertir la division sexagésimale du cercle en division centésimale et réciproquement.

DEGRÉS EN GRADES.

Degr.	Grades.
10	11° 11' 11" 1
20	22 22 22 2
30	33 33 33 3
40	44 44 44 4
50	55 55 55 6
60	66 66 66 7
70	77 77 77 8
80	88 88 88 9
90	100 00 00 0
100	111 11 11 1
110	122 22 22 2
120	133 33 33 3
130	144 44 44 4
140	155 55 55 6
150	166 66 66 7
160	177 77 77 8
170	188 88 88 9
180	200 00 00 0

min.	Divis. centés.
10	18' 51" 9
20	37 03 7
30	55 55 6
40	74 07 4
50	92 59 3

sec.	Divis. centés.
10	30" 9
20	61 7
30	92 6
40	1' 23 5
50	1 54 3

GRADES EN DEGRÉS.

Grad.	Degrés.
1	0° 54'
2	1 48
3	2 42
4	3 36
5	4 30
6	5 24
7	6 18
8	7 12
9	8 06
10	9 00
20	18 00
30	27 00
40	36 00
50	45 00
60	54 00
70	63 00
80	72 00
90	81 00
100	90 00
110	99 00
120	108 00
130	117 00
140	126 00
150	135 00
160	144 00
170	153 00
180	162 00
190	171 00
200	180 00

Min. déc.	Division séxagés.
1	0' 32" 4
2	1 04 8
3	1 37 2
4	2 09 6
5	2 42 0
6	3 14 4
7	3 46 8
8	4 19 2
9	4 51 6
10	5 24 0
20	10 48 0
30	16 12 0
40	21 36 0
50	27 00 0
60	32 24 0
70	37 48 0
80	43 12 0
90	48 36 0
100	54 00 0

Second. décim.	Division sexagés.
1	0" 324
2	0 648
3	0 972
4	1 296
5	1 620
6	1 944
7	2 268
8	2 592
9	2 916
10	3 240
20	6 480
30	9 720
40	12 960
50	16 200
60	19 440
70	22 680
80	25 920
90	29 160
100	32 400

Il est incontestable que la division centésimale du cercle offre des avantages pour le calcul numérique, puisque l'on peut écrire sous forme décimale les nombres qui en résultent. Exemple : 67 grades 75 minutes 37 secondes et $\frac{5}{10}$ peuvent s'écrire ainsi: 67 gr., 75 375. Néanmoins, il est très certain que la division sexagésimale est encore la plus usitée, notamment parmi les géomètres.

TABLE DES CORDES POUR

Degr.	0'	10'	20'	30'	40'	50'	Diff.
0	000	029	058	087	116	145	29
1	175	204	233	262	291	320	
2	349	378	407	436	465	494	
3	523	553	582	611	640	669	
4	698	727	756	785	814	843	
5	872	901	931	960	989	1018	
6	1047	1076	1105	1134	1163	1192	
7	1221	1250	1279	1308	1337	1366	
8	1395	1424	1453	1482	1511	1540	
9	1569	1598	1627	1656	1685	1714	
10	1743	1772	1801	1830	1859	1888	
11	1917	1946	1975	2004	2033	2062	
12	2091	2120	2148	2177	2206	2235	
13	2264	2293	2322	2351	2380	2409	
14	2437	2466	2495	2524	2553	2582	
15	2611	2639	2668	2697	2726	2755	
16	2783	2812	2841	2870	2899	2927	
17	2956	2985	3014	3042	3071	3100	
18	3129	3157	3186	3215	3244	3272	
19	3301	3330	3358	3387	3416	3444	
20	3473	3502	3530	3559	3587	3616	
21	3645	3673	3702	3730	3759	3788	
22	3816	3845	3873	3902	3930	3959	
23	3987	4016	4044	4073	4101	4130	
24	4158	4187	4215	4244	4272	4300	28
25	4329	4357	4386	4414	4443	4471	
26	4499	4527	4556	4584	4612	4641	
27	4669	4697	4725	4754	4782	4810	
28	4838	4867	4895	4923	4951	4979	
29	5008	5036	5064	5092	5120	5148	
30	5176	5204	5233	5261	5289	5317	
31	5345	5373	5401	5429	5457	5485	
32	5513	5541	5569	5597	5625	5652	
33	5680	5708	5736	5764	5792	5820	
34	5847	5875	5903	5931	5959	5986	
35	6014	6042	6070	6097	6125	6153	
36	6180	6208	6236	6264	6291	6319	
37	6347	6374	6401	6429	6456	6484	
38	6511	6539	6566	6594	6621	6649	
39	6676	6704	6731	6758	6786	6813	27
40	6840	6868	6895	6922	6949	6977	
41	7004	7031	7059	7086	7113	7140	
42	7167	7195	7222	7249	7276	7303	
43	7330	7357	7384	7411	7438	7465	
44	7492	7519	7546	7573	7600	7627	

UN RAYON ÉGAL A 10000.

Degr.	0'	10'	20'	30'	40'	50'	Diff.
45	7654	7680	7707	7734	7761	7788	27
46	7815	7841	7868	7895	7922	7948	
47	7975	8002	8028	8055	8082	8108	
48	8135	8161	8188	8214	8241	8267	
49	8294	8320	8347	8373	8400	8426	
50	8452	8479	8505	8532	8558	8584	26
51	8610	8636	8663	8689	8715	8741	
52	8767	8794	8820	8846	8872	8898	
53	8924	8950	8976	9002	9028	9054	
54	9080	9106	9132	9157	9183	9209	
55	9235	9261	9287	9312	9338	9364	
56	9389	9415	9441	9466	9492	9518	
57	9543	9569	9594	9620	9645	9671	
58	9696	9722	9747	9772	9798	9823	
59	9848	9874	9899	9924	9949	9975	25
60	10000	10025	10050	10075	10101	10126	
61	10151	10176	10201	10226	10251	10276	
62	10301	10326	10351	10375	10400	10425	
63	10450	10475	10500	10524	10549	10574	
64	10598	10623	10648	10672	10697	10721	
65	10746	10771	10795	10819	10844	10868	
66	10893	10917	10941	10966	10990	11014	24
67	11039	11063	11087	11111	11136	11160	
68	11184	11208	11232	11256	11280	11304	
69	11328	11352	11376	11400	11424	11448	
70	11472	11495	11519	11543	11567	11590	
71	11614	11638	11661	11685	11709	11732	
72	11756	11779	11803	11826	11850	11873	
73	11896	11920	11943	11966	11990	12013	
74	12036	12060	12083	12106	12129	12152	23
75	12175	12198	12221	12244	12267	12290	
76	12313	12336	12359	12382	12405	12427	
77	12450	12473	12496	12518	12541	12564	
78	12586	12609	12632	12654	12677	12699	
79	12721	12744	12766	12789	12811	12833	22
80	12856	12878	12900	12922	12944	12966	
81	12989	13011	13033	13055	13077	13099	
82	13121	13143	13165	13187	13209	13231	
83	13252	13274	13296	13318	13339	13361	
84	13383	13404	13426	13447	13469	13490	21
85	13512	13533	13555	13576	13597	13619	
86	13640	13661	13682	13704	13725	13746	
87	13767	13788	13809	13830	13851	13872	
88	13893	13914	13935	13956	13977	13997	
89	14018	14039	14060	14080	14101	14121	

Lorsque l'on veut construire les angles avec précision sur le papier, il faut, au lieu de se servir du *rapporteur*, avoir recours à la table précédente qui comprend les cordes de tous les angles de dix en dix minutes pour tous les degrés du quart de cercle. Ainsi, pour construire sur le papier l'angle A (*fig.* 27) qui est donné en degrés et minutes, on décrit du centre A, avec un rayon AB, le plus grand possible, et divisé en parties égales, un arc indéfini ; puis du point B comme centre, avec un rayon égal à la valeur de la corde donnée par la table, on décrit un autre arc qui coupe le premier en C ; ABC est l'angle demandé.

Il sera commode de prendre AB égal à 100, 200, à 300, etc., millimètres ; alors les valeurs des cordes données par la table, prises simples, ou doubles, ou triples, etc., exprimeront en centièmes de millimètres les longueurs du rayon BC.

La valeur 11232 de la corde d'un angle de 68° 20' se trouve, dans cette table, à la rencontre de la ligne horizontale qui commence par 68 et de la colonne verticale en tête de laquelle est placé le nombre 20'. Les parties proportionnelles des différences, dans les colonnes DIFF, servent à obtenir les valeurs des cordes pour les angles compris entre ceux de la table.

Il est d'ailleurs inutile d'étendre la table des cordes au-delà du quart de cercle, car tout angle plus grand que 90° a pour supplément un angle moindre que 90° ; et, après avoir construit le supplément, on n'a qu'à prolonger un côté pour avoir l'angle lui-même.

ÉCARTS entre deux points observés sous les angles des dix premières minutes, à des distances variant de 100 m. en 100 m. jusqu'à 1000 mètres.

Pour	à 100m	200m	300m	400m	500m	600m	700m	800m	900m
1'	0m03	0m06	0m09	0m12	0m15	0m17	0m20	0m23	0m26
2'	0m06	0m12	0m17	0m23	0m29	0m35	0m41	0m46	0m52
3'	0m09	0m17	0m26	0m35	0m44	0m52	0m61	0m70	0m78
4'	0m12	0m23	0m35	0m46	0m58	0m70	0m81	0m93	1m04
5'	0m14	0m29	0m43	0m58	0m72	1m87	1m01	1m16	1m30
6'	0m17	0m35	0m52	0m70	0m87	1m05	1m22	1m40	1m57
7'	0m20	0m41	0m61	0m82	1m02	1m22	1m43	1m63	1m84
8'	0m23	0m47	0m70	0m93	1m16	1m40	1m63	1m86	2m10
9'	0m26	0m52	0m79	1m05	1m31	1m57	1m83	2m10	2m36
10'	0m29	0m58	0m87	1m16	1m45	1m75	2m04	2m33	2m62

Les indications de ce tableau permettent de corriger et rectifier en quelque sorte à vue les angles d'un levé, lorsque leur somme dénote une erreur de quelques minutes seulement commise dans leur observation.

Mesures de longueur de pays étrangers.

PAYS.	NOMS.	VALEUR en centimètres.
Russie. . .	*pied anglais*	30,479
	sagène, 7 pieds (toise).	213,356
	archine, $\frac{1}{3}$ de sagène.	71,119
	verchoc, $\frac{1}{16}$ d'archine	4,445
Suisse . . .	*toise 6 pieds*	180,00
	pied, unité.	30,00
	pouce, $\frac{1}{10}$ de pied	[illegible]
	ligne, $\frac{1}{10}$ de pouce	0,30
	trait, $\frac{1}{10}$ de ligne.	0,03
	aune, 4 pieds.	120,00
	brache, $\frac{1}{2}$ aune	60,00
Turquie . .	*archinn*	75,774
	pouce, $\frac{1}{24}$ d'archinn	3,157
	archimendazé ou pic pour les étoffes	68,00
	roup, $\frac{1}{8}$ d'endazé	8,50

TRIGONOMÉTRIE.

RÉSOLUTION DES TRIANGLES RECTILIGNES RECTANGLES.

On désigne les trois angles d'un triangle par les grandes lettres A, B, C, et les côtés opposés respectivement à ces angles par les petites lettres a, b, c.

Dans le triangle rectangle, A désigne l'angle droit, et, par conséquent, a l'hypoténuse.

Cela posé, il y a pour la résolution des triangles rectilignes rectangles, quatre cas qui peuvent se résumer dans le petit tableau suivant :

Données.	*Valeurs des inconnues*	*Données.*	*Valeurs des inconnues.*
a, B	$\begin{cases} C = 90^\circ - B \\ b = a \sin B \\ c = a \cos B \end{cases}$	a, b	$\begin{cases} c = \sqrt{(a+b)(a-b)} \\ \text{Sin } B = \dfrac{b}{a} \\ C = 90^\circ - B. \end{cases}$
b, B	$\begin{cases} C = 90^\circ - B \\ a = \dfrac{b}{\sin B} \\ c = b \cot B \end{cases}$	b, c	$\begin{cases} \text{Tang } B = \dfrac{b}{c} \\ C' = 90^\circ - B \\ a = \dfrac{b}{\sin B} \end{cases}$

RÉSOLUTION DES TRIANGLES RECTILIGNES QUELCONQUES.

Il y a encore quatre cas qui peuvent se résumer dans le tableau suivant :

Données.	*Valeurs connues.*
a, B, C	$\begin{cases} A = 180^\circ - (B+C) \\ b = \dfrac{a \sin B}{\sin A} \\ c = \dfrac{a \sin C}{\sin A} \end{cases}$

a, b, A

$$\sin B = \frac{b \sin A}{a}$$

$$C = 180^\circ - (A+B)$$

$$c = \frac{a \sin C}{\sin A}$$

ou en posant $\sin \varphi = \frac{b \sin A}{a}$

$$c = \frac{a \sin (\varphi + A)}{\sin A}$$

Il peut y avoir deux solutions, ou une seule, ou aucune.

a, b, C

$$A + B = 180^\circ - C$$

$$\text{Tang } \frac{1}{2}(A - B) = \frac{a -}{a+b} \text{ tang } \frac{1}{2}(A + B)$$

$$A = \frac{1}{2}(A+B) + \frac{1}{2}(A-B)$$

$$B = \frac{1}{2}(A+B) - \frac{1}{2}(A-B)$$

$$c = \frac{A \sin C}{\sin A}$$ ou encore,

$$c = \frac{(a+b) \sin \frac{1}{2} C}{\cos \frac{1}{2}(A-B)}$$

a, b, c

Soit $p = \frac{1}{2}(a+b+c)$, on aura :

$$\sin \frac{1}{2} A = \sqrt{\frac{(p-b)(p-c)}{bc}}$$

Les autres angles B et C se déterminent par des formules tout à fait analogues.

Exemples, sur figures, de calculs trigonométriques.

TRIANGLES RECTANGLES.

Avec les données des figures 28, 29 et suivantes des planches du recueil, on obtient :

Figure 28.

1° *L'angle* C, en divisant AB par BC. Le quotient est le sinus de cet angle.	Log AB 201 9 = 2 30514 C. log BC 326 0 = 7 48678 Log sin C 38° 16' = 9 79192
2° *L'angle* B, en retranchant de 90° 00 l'angle C de 38° 16'.	90° 00' Angle C = 38° 16' Angle B = 51° 54'
3° *Le côté* AC, en multipliant BC par le sinus de l'angle B.	Log BC 326 0 = 2 51322 Log sin B 51° 54' = 9 89495 Log AC 255 96 = 2 40817

Figure 29.

1° *L'angle* C, en divisant AB par AC. Le quotient est la tangente de cet angle.	Log AB 201 9 = 2 30514 C. log AC 255 96 = 7 59183 Log tang C 33° 16' = 9 89697
2° *L'angle* B, en retranchant de 90° 00' l'angle C 38° 16'. Ou bien encore en divisant AC par AB.	90° 00' Angle C = 38° 16' Angle B = 51° 44'
3° *L'hypothénuse* BC, en divisant AC par le sinus B.	Log AC 255 96 = 2 40817 C.log sin B 51°44' = 0 10505 Log BC 326 0 = 2 51322

Figure 30.

Les côtés AC et AB, en multipliant BC par le sinus B pour le premier, et par son cosinus, ou, ce qui est la même chose, par le sinus C pour le second.	Log AC 255 96 = 2 40817 Log sin B 51°44' = 9 89495 Log BC 326 0 = 2 51322 Log sin C 38°17' = 9 79192 Log AB 201 9 = 2 30514

Figure 31.

1° *L'angle* C, en retranchant de 90° 00' l'angle B 51° 44'.	90° 00' Angle B = 51° 44' Angle C = 38° 16'
2° *L'hypoténuse* BC, en divisant AB par le sinus C.	Log AB 201 9 = 2 30514 C.log sin C 38°16' = 0 20808 Log BC 326 0 = 2 51322
3° Le côté AC, en opérant, pour lui, comme on l'a fait *fig*. 28.	

TRIANGLES OBLIQUANGLES.

Avec les données des figures 32, 33 et suivantes, on obtient :

Figure 32.

1° *L'Angle* A, en retranchant de 180° 00' les angles C et B réunis.

		180° 00'
Angle C 51° 44'	=	125° 36'
Angle B 73° 52'		
Angle A	=	54° 24'

2° *Le côté* AC, en multipliant BC par le sinus B et en divisant le produit par le sinus A.

Log BC 275 94	=	2 44081
Log sin B 73°52'	=	9 98255
C.log sin A 54°24'	=	0 08986
Log AC 326 0	=	2 51322

3° *Le côté* AB, en multipliant BC par le sinus C, et en divisant le produit par le sinus A.

Log BC 275 04	=	2 44081
Log sin C 51°44'	=	9 89495
C.log sin A 54°24'	=	0 89086
Log AB 266 45	=	2 42562

Figure 33.

1° *L'angle* C, en retranchant de 180° 00' les angles A et B réunis.

		180° 00'
Angle A 54° 24'	=	128° 16'
Angle B 73° 52'		
Angle C	=	51° 44'

2° *Les côtés* BC *et* AB, en opérant comme on vient de le faire *fig.* 31 et 32.

Figure 34.

L'angle B *et les côtés* AC *et* BC, en procédant comme pour l'angle et les côtés à déterminer de la *fig.* 33.

Figure 35.

1° *L'angle* B, en multipliant AC par le sinus A, et en divisant le produit par CB.

Log AC 326 0	=	2 51302
Log sin A 54°24'	=	9 91014
C.log CB 275°94'	=	7 55919
Log sin B 73°52'	=	9 98255[1]

[1] On a besoin de savoir si l'angle B est aigu ou obtus. Ici il est aigu, et par conséquent de 73° 52'. S'il était obtus, le

2° *L'angle* C *et le côté* AB, par les calculs indiqués *fig.* 32 et 33.

Figure 36.

1° *La demi-différence des deux angles* B *et* C, en multipliant la tangente de l'angle qui en forme la demi-somme par AC—AB, et en divisant le produit par AC + BC. Le quotient est la tangente de l'angle qui forme cette demi-différence.

En retranchant de		180° 00'
l'angle A	=	54° 24'
On a pour les angles C et B		125° 36'
Et pour leur demi-somme		62° 48'
Log 62° 48'	=	0 28910
Log (AC 326 0 — AB (266 45) = 59 55	=	1 77488
C. log (AC 326 0 + AB (266 45) = 592 45	=	7 22735
Log tang 11° 04' demi-différence des angles B et C	=	9 29133

2° *L'angle* B, en ajoutant à la demi-somme des angles B et C leur demi-différence.

Demi-somme des angles B et C	=	62° 48'
Demi-différence	=	11° 04'
Angle B	=	23° 52'

3° *L'angle* C, en retranchant de la demi-somme des angles B et C, leur demi-différence.

Demi-somme des angles B et C	=	62° 58'
Demi-différence	=	11° 44'
Angle C	=	51° 44'

logarithme 9 98255 se trouvant être le sinus de son supplément, il serait de 106° 08'.

Il y a un moyen facile d'apprécier si le logarithme s'applique au sinus de l'angle ou à son supplément : c'est de comparer le côté qui lui est opposé avec les deux autres. Par suite du rapport qui existe entre les angles et les côtés, il est certain qu'à un côté plus grand est opposé un angle plus grand et à un côté plus petit un angle plus petit.

Figure 37.

L'angle A, en prenant pour former la moitié de son sinus la moitié de la somme des quatre nombres suivants, savoir : 1° le logarithme de la demi-somme des trois côtés moins le côté adjacent AC ; 2° celui de cette demi somme moins l'autre côté adjacent AB ; 3° le complément du logarithme du côté AC ; 4° celui du logarithme du côté AB.

AC 326 0 + AB 266 45 + BC 275 94 = 868 39 dont la demi-somme est 434 20.

——

Log demi-somme 434 20 moins AC 326 0 = 108 2 = 2 03423
Log demi-somme 434 20 mons AB 266 45=167 75 = 2 22466
C. log AC 326 0 = 7 48678
C. log AB 266 45 = 7 57438

Somme = 19 32005

Demi - somme = Log sin 1/2 A 27° 12' = 9 66002

L'angle A renfermant deux fois 27° 12', sera de 54° 24'.

N. B. — Les géomètres qui ne connaîtraient point les logarithmes peuvent très bien, en suivant les indications ci-dessus et en se servant des sinus, cosinus, tangentes et cotangentes naturels des *Tables du géomètre*, faire, par les opérations élémentaires, tous les calculs qui précèdent, à l'exception toutefois de ceux de la *fig*. 37.

Pour déterminer l'angle A de cette figure, voici ce qu'ils auraient à faire :

1° Former la somme des trois côtés du triangle et en prendre la moitié ;

2° Multiplier cette moitié, moins AC, par cette même moitié, moins AB ;

3° Diviser le produit par AC et ensuite le quotient qu'ils obtiendront par AB ;

4° Extraire la racine de ce nouveau quotient.

Cette racine sera le sinus d'un angle qu'ils devront doubler pour avoir l'angle A.

NOTES, DOCUMENTS & TABLEAUX

RELATIFS AUX TRAVAUX DES GÉOMÈTRES

sous d'autres rapports que celui de la géométrie proprement dite.

BORNAGES.

Articles du Code Napoléon le plus souvent invoqués dans les actions en bornage.

ART. 550. — Le possesseur est de bonne foi quand il possède, comme propriétaire, en vertu d'un titre translatif de propriété dont il ignore les vices.

Il cesse d'être de bonne foi, du moment où ces vices lui sont connus.

ART. 646. — Tout propriétaire peut obliger son voisin au bornage de leurs propriétés contiguës.

Le bornage se fait à frais communs.

ART. 2229. — Pour pouvoir prescrire, il faut une possession continue et non interrompue, paisible, publique, non équivoque, et à titre de propriétaire.

ART. 2235. — Pour compléter la prescription, on peut joindre à sa possession celle de son auteur, de quelque manière qu'on lui ait succédé, soit à titre universel ou particulier, soit à titre lucratif ou onéreux.

ART. 2236. — Ceux qui possèdent pour autrui ne prescrivent jamais, par quelque laps de temps que ce soit.

Ainsi, le fermier, le dépositaire, l'usufruitier et tous autres qui détiennent précairement la chose du propriétaire ne peuvent la prescrire.

ART. 2237. — Les héritiers de ceux qui tenaient la chose à quelqu'un des titres désignés par l'article précédent, ne peuvent non plus prescrire.

ART. 2238. — Néanmoins, les personnes énoncées dans les articles 2236 et 2237 peuvent prescrire, si le titre de leur possession se trouve interverti soit par une cause venant d'un tiers, soit par la contradiction qu'elles ont opposée au droit du propriétaire.

Art 2239. — Ceux à qui les fermiers, dépositaires et autres détenteurs précaires ont transmis la chose par un titre translatif de propriété, peuvent la prescrire.

Art. 2240. — On ne peut pas prescrire contre son titre, en ce sens que l'on ne peut point se changer à soi-même la cause et le principe de sa possession.

Art. 2262. — Toutes les actions, tant réelles que personnelles, sont prescrites par **trente ans**, sans que celui qui allègue cette prescription soit obligé d'en rapporter un titre, ou qu'on puisse lui opposer l'exception déduite de la mauvaise foi.

Art. 2265. — Celui qui acquiert de bonne foi et par juste titre un immeuble, en prescrit la propriété par **dix ans**, si le véritable propriétaire habite dans le ressort de la Cour impériale dans l'étendue de laquelle l'immeuble est situé, et par **vingt ans**, s'il est domicilié hors dudit ressort.

Art. 2266. — Si le véritable propriétaire a eu son domicile, en différents temps, dans le ressort et hors du ressort, il faut, pour compléter la prescriptien, ajouter à ce qui manque aux **dix ans** de présence un nombre d'années d'absence double de celui qui manque, pour compléter les **dix ans** de présence.

Art. 2267. — Le titre, nul par défaut de forme, ne peut servir de base à la prescription de **dix** et **vingt ans**.

Art. 2268 — La bonne foi est toujours présumée, et c'est à celui qui allègue la mauvaise foi à la prouver.

Art. 2269. — Il suffit que la bonne foi ait existé au moment de l'acquistion.

Questions sur le bornage soumises à l'appréciation du Comité central des Géomètres, par M. Coqueret, géomètre à Senlis (Oise), un de ses membres, le 18 Juin 1860, et réponse de ce Comité auxdites questions, adoptée après une discussion approfondie, dans les séances des 15 et 16 Juillet 1861.

« Avant de répondre aux questions posées par M. Coqueret, il convient de dire ici quelques mots sur la mission du Géomètre et sur les principes qui doivent le guider; il convient aussi de définir ce qu'on appelle le bornage amiable, le seul dont nous ayons à nous occuper : car, dès que l'action en bornage est portée devant les tribunaux, il ne nous appartient pas de leur indiquer leur règle de conduite; pour eux, elle est toute tracée par la loi.

Disons donc, avant tout, que le Géomètre, dans la partie de ses fonctions qui s'applique à la délimitation des propriétés, doit s'inspirer principalement de l'esprit d'équité et de conciliation, et amener, même par la voie de transaction, s'il le peut, les parties à s'entendre sur le règlement de leurs limites plutôt que de les laisser demander à la justice, ce qu'elles considèrent comme leur droit; car le plus mince procès coûte généralement plus que l'objet en litige. Il doit donc consulter tous les documents dignes de foi qui peuvent éclairer sa religion et l'aider dans ses conseils aux intéressés.

Le bornage, c'est la régularisation et la fixation définitive des limites de la propriété.

Le premier de tous les titres a été la possession; c'est elle qui a constitué et qui constitue encore la propriété dans certaines conditions définies par la loi.

Si la possession a eu ce caractère et si elle l'a conservé, le Géomètre doit la respecter comme étant le point de départ essentiel de ses opérations; il doit donc, avant tout, la bien reconnaître et la bien constater.

Au point de vue du droit, il ne doit pas oublier que la possession *trentenaire*, telle que la définit l'art. 2229 du Code Napoléon, vaut titre. Nous n'avons pas ici à défendre la moralité et l'utilité de cette disposition de la loi; — c'est la loi, inclinons-nous devant elle.

Une autre disposition du même Code, l'art. 2265, joue également dans les bornages un rôle important, puisqu'elle rend incommutablement propriétaire celui qui a acquis *de bonne foi et à juste titre* et qui a été pendant *dix années* en jouissance incontestée de l'immeuble qu'il a acquis.

Ces deux dispositions de la loi vont former la base des réponses que nous allons faire aux questions de M. Coqueret.

Nous avertissons, toutefois, que nous n'entendons pas ici faire un traité de bornage : à de simples questions, nous faisons de simples réponses ; on nous demande une règle de conduite, une formule, pour ainsi dire, nous la donnons *pratiquement*, certains, à l'avance, que nos collègues nous sauront gré de notre concision et qu'ils sauront reconnaître que nos réponses ne sont pas puisées dans nos simples inspirations, mais qu'elles sont basées sur notre droit français et sur l'équité.

1re QUESTION :

Comment concilier la possession avec les titres ?

« Réponse. — La possession doit être maintenue par le bornage, à moins que les parties ou l'une d'elles produisent des titres incontestables, indiquant des limites ou des contenances différentes de celles de la possession, auquel cas elle doit être rendue conforme aux titres. Dans un bornage amiable, il y aurait futilité à établir une distinction entre l'action en bornage et celle en revendication. Dans ce cas, elles doivent former aux yeux du Géomètre une seule et même action.

De là naît naturellement la seconde question. »

2e QUESTION :

Quels titres devront être admis ?
Quels titres devront être rejetés ?

« Cette question est plus délicate que la première : car autant de titres, autant de cas particuliers, pour ainsi dire, et nous n'avons pas la prétention de les énumérer et de les résoudre tous.

Nous allons donc examiner les difficultés qu'elles présentent par catégories, en former, pour ainsi dire, des familles, laissant à l'opérateur à rechercher celle dans laquelle il doit classer chaque cas particulier s'offrant à lui.

1er Exemple. — *Pierre* a acquis un héritage : son titre énonce ou une contenance ou des limites déterminées ; il jouit sans trouble, *depuis plus de dix ans*, de la contenance ou dans les limites énoncées par son titre, *ce titre est bon* ; son héritage doit rester ce qu'il est, par application à l'art. 2265 du Code Napoléon.

2e Exemple. — *Pierre* a acquis une part déterminée d'un héritage : son titre est incontestable par les propriétaires du surplus de cet héritage ; mais il ne saurait être opposé à des tiers, à moins que le porteur de ce titre se trouve dans le cas prévu par le premier exemple.

3e EXEMPLE. — Le titre de moins de dix ans de date est la reproduction textuelle d'un ou plusieurs actes translatifs remontant à plus de dix ans ; s'il est appuyé de la possession non contestée depuis dix ans, *il est un bon titre* (art. 2235 du Code Napoléon).

4e EXEMPLE. — Le titre de date quelconque qui exprime des limites ou une contenance qui excèdent la jouissance doit être tenu en suspicion et généralement écarté ; s'il n'est pas dans le cas prévu dans le deuxième exemple, il faut remonter la série des actes translatifs, et, s'il s'en trouve un qui exprime des limites ou une contenance en concordance avec la possession, celui-là doit être considéré comme le véritable titre.

Toutefois, dans le cas de ce quatrième exemple, il y a lieu à appréciation : si la série uniforme des titres remonte à plus de *trente ans*, s'il n'est rien opposé qui en puisse faire suspecter la bonne foi, et si, en même temps, les riverains possèdent au-delà de ce qu'expriment leurs titres, *sans qu'ils soient habiles à invoquer la prescription*, avec ce concours de circonstances, le titre doit être appliqué, les droits des riverains réservés dans les limites de leurs titres.

5e EXEMPLE. — Un titre n'est appuyé d'aucun titre antérieur : il ne peut servir utilement de base à la revendication au-delà de la possession, ni défendre cette possession elle-même, si, à défaut de titres authentiques, des documents certains ne permettent pas d'en apprécier la valeur ; s'il a plus de *dix ans* de date, il peut défendre une possession paisible de pareille durée dans la limite de ce titre ; s'il a plus de *trente ans* et qu'on puisse justifier de la jouissance *trentenaire*, cette jouissance peut être défendue, non par le titre, mais par l'art. 2229 du Code Napoléon. »

3e QUESTION :

Dans quelle circonstance la répartition proportionnelle peut-elle et doit-elle avoir lieu ?

« RÉPONSE. — Dans le cas du partage.

Ainsi, plusieurs personnes sont appelées à se partager

un héritage en vertu d'un titre commun. Dans ce cas, et à moins de clauses contraires dans le contrat, le plus ou le moins de mesure doit être partagé entre les copartageants proportionnellement à leurs droits, et pendant tout le temps que l'exception de prescription ne sera pas élevée. »

4e QUESTION :

Doit-on respecter les bornes existantes, soit qu'elles existent par suite d'opérations faites contradictoirement et constatées par procès-verbal, soit qu'à défaut de procès-verbal ou de toute autre preuve écrite, elles existent et soient reconnues de fait comme limites par les riverains depuis un temps plus ou moins long ? A quelle époque faut-il faire remonter l'existence de ces bornes pour qu'elles puissent être reconnues comme immuables ?

« Réponse. — Rigoureusement, dès que les bornes existent marquant d'une manière apparente la limite de jouissance depuis plus d'*une année*, il n'y a pas lieu à bornage : le bornage existe de fait ; on ne peut qu'en demander la reconnaissance et la constatation.

Si donc l'une des parties entend maintenir ce bornage et s'offre, ce qu'elle ne peut refuser, à le reconnaître et à constater son existence, l'action en bornage ne peut être intentée contre elle : c'est une action en revendication qu'il faut introduire ; le mandat amiable du géomètre cesse à l'instant.

Mais, dans l'espèce qui nous occupe, quand le géomètre est appelé à décider, du commun accord des parties, sur la validité de ce bornage de fait, il doit tout simplement agir d'après les règles posées dans nos réponses à la deuxième question.

Telles sont les règles générales d'après lesquelles nous pensons que le géomètre doit toujours agir.

Ces règles, bien entendu, s'appliquent à un bornage général comme à un bornage partiel ; et, pour nous résumer, nous répéterons ce que nous avons dit en commençant : *La possession est le premier et le principal titre ;* pour la changer par le bornage, il faut des titres ou des documents parfaitement certains. »

PETIT RÉSUMÉ DE PRINCIPES & DE RÈGLES DE DROIT
d'une application fréquente dans les opérations des géomètres.

ARBRES. — USAGES. — DISTANCE LÉGALE. — DESTINATION DU PÈRE DE FAMILLE. — PRESCRIPTION. — ARRACHAGE. — PROPRIÉTÉ. — HAIES.

I. Avant de planter un arbre, on doit, d'après l'article 671, C. Nap., s'assurer s'il existe ou non des règlements particuliers ou des usages constants et reconnus et permettant la plantation à une distance moindre que celle légale. — A défaut de ces règlements ou usages, on ne peut planter les arbres à hautes tiges qu'à la distance de 2 mètres de la ligne séparative des deux héritages et les autres arbres et haies vives qu'à la distance d'un demi-mètre.

II. M. Pardessus, *Traité des Servitudes*, § 5, dit en effet : « La diversité du sol et des espèces de plantations doit influer singulièrement sur l'application des plantations. » On sent dès lors l'impossibilité de parvenir à une loi uniforme sur cette matière dans un empire aussi vaste, soumis à des températures et susceptible de cultures si différentes. Ce n'est point l'uniformité que la justice commande ; c'est un scrupuleux examen des habitudes et des besoins locaux, et surtout un grand respect pour des usages fondés sur l'expérience.

§ 1er. — *Usages.*

III. On peut faire la preuve de l'usage par la notoriété publique, par témoins, la loi n'ayant pas indiqué le mode de le reconnaître et de le constater. — C. Bourges, 16 novembre 1830, Sirey-Villeneuve, 31-2-152. — C. Poitiers, 7 janvier 1834, S.-V., 34-2-165.

IV. Le jugement qui décide, après enquête, qu'il n'existe aucun usage local autorisant la plantation d'arbres à haute tige à une distance moindre de 2 mètres de l'héritage du voisin, ne tombe pas sous la censure de la Cour de cassation. — Cassation, 25 juillet 1860, S.-V., 60, 1807.

V. Dans l'ancienne province de Picardie et dans presque tout le ressort du parlement de Paris, l'usage constant et reconnu était de laisser une distance de cinq pieds entre la ligne séparative des héritages et les arbres à haute tige. — C. Amiens, 21 décembre 1821, Sirey, collection nouv., 6, 2, 506.

VI. Dans l'intérieur des villes et surtout lorsque les terrains sont clos de murs, un usage constant permet de planter un espalier sans observer de distance, et jusqu'à l'extrême limite de la propriété, soit les arbustes, soit même les arbres, pourvu qu'il n'en résulte aucun dommage pour l'héritage voisin. — C. Bordeaux, 15 mars 1860, S.-V., 60, 2, 479.

VII. Dans la banlieue de Paris, l'usage constant permet de planter des arbres à haute tige à une distance de moins de six pieds de la ligne séparative des deux propriétés. — C. Paris, 2 décembre 1820, S., collection nouvelle, 6, 2, 327.

VIII Dans l'intérieur de Paris, aucune distance n'étant imposée aux plantations d'arbres, ces plantations peuvent, selon l'usage, avoir lieu jusqu'à l'extrême limite des jardins, sauf le droit du voisin de faire élaguer les arbres. — C. Paris, 27 août 1858, S.-V., 58, 2, 637.

IX. Toutefois, d'après un arrêt de la Cour de Paris du 17 février 1862 (S.-V., 62, 2, 137), les plantations d'arbres à haute tige dans l'intérieur de Paris ne peuvent avoir lieu, d'après un usage constant, à une distance moindre que celle d'un mètre (trois pieds) de la ligne séparative des héritages.

X. Dans un traité des lois des Bâtiments, n° 23, Desgodets s'explique ainsi sur cet usage : « A l'égard des arbres à haute tige en plein vent, ils peuvent être plantés dans les héritages clos de murs, *à trois pieds* de distance entre le centre de la tige et la ligne qui sépare l'héritage du voisin ; en sorte que si le mur appartient à un seul et est entièrement sur le fonds de celui qui fait planter les arbres, l'épaisseur du mur sera comprise dans la distance de trois pieds ; si le mur est mitoyen, les trois pieds se compteront du milieu de l'épaisseur du mur. Mais si le mur appartient à l'autre voisin seul, les trois pieds seront francs entre le devant du mur et le centre du tronc de l'arbre. Si cependant les branches et les racines des arbres passent sur l'héritage du voisin, il peut contraindre celui à qui ils appartiennent à couper ce qui excède... »

XI. Le règlement du Parlement de Normandie, du 1 août 1751, porte, sous l'art. 7, que les arbres de haute futaie ne peuvent être plantés qu'à une distance de sept pieds (2 mètres 33 c.) du voisin entre propriétés non closes. L'existence de ce règlement ne doit pas être considérée comme excluant toute distance à observer entre propriétés closes ; dans cette circonstance, c'est l'art. 671, C. Nap., qui doit être suivi. — C. Caen, 19 février 1859, S.-V., 59, 2, 587.

§ 2. — *Distance légale.*

XII. Lorsqu'il n'existe aucun règlement particulier ou usage contraire, on ne peut planter d'arbres ou de haies vives qu'aux distances prescrites par l'art. 671, C. N., de la ligne séparative de la propriété voisine, quelle que soit la *nature* de cette propriété. — Cassation, 20 mars 1828, Sirey, collection nouvelle, 9, 1, 60. — Cassation, 24 juillet 1860, S.-V., 60, 1, 897.

XIII. Même quand cette propriété serait une forêt. — Cour Rennes, 10 juin 1838, S.-V., 38, 2, 520. — Ordonnance 1er août 1827, art. 176. — Cassation, 28 novembre 1853, S.-V., 54, 1, 37.

XIV. Les distances prescrites par la loi s'appliquent aussi bien aux arbres crus par l'effet de semis naturels qu'aux arbres *plantés* par le propriétaire de la forêt. — Cassation, 28 novembre 1853, déjà cité.

XV. Ces distances doivent être appliquées aux héritages urbains et aux héritages ruraux. C. Nîmes, 14 juin 1835, S.-V., 33, 2, 481.

XVI. Alors même que les deux propriétés sont séparées par les murs de clôture. — C. Caen, 19 février 1859 précité.

XVII. Ces distances se comptent à partir du centre de l'arbre jusqu'à la limite séparative des deux héritages. — Desgodets, *suprà*, Nomb. X, n° 243.

§ 3. — *Destination du père de famille.*

XVIII. Lorsque les deux fonds nouvellement divisés ont appartenu au même propriétaire, il y a destination du père de famille (art. 693, C. Nap.) ; on ne peut, dans ce cas, forcer le voisin à arracher les arbres plantés à moins de 2 mètres de la ligne séparative. — C. Rennes, 3 juillet 1813, Sirey, collection nouv., 4, 2, 336.

XIX. Mais cette destination du père de famille ne donne pas le droit de conserver les arbres excrus ou plantés depuis cette division, s'ils ont moins de trente ans de plantation. — C. Cassation, 28 novembre 1833, Sirey-Villeneuve, 34, 1, 37.

§ 4. — *Prescription.*

XX. On acquiert par la prescription de trente ans, le droit de conserver les arbres à haute tige plantés à une distance moindre que celle prescrite par l'article 671 Code Napoléon. — Bourges, 16 novembre 1830, S.-V., 31, 2, 152.

XXI. La prescription court à partir de la plantation des arbres. — Cour de rejet, 9 juin 1825, Sirey, C. N. 8, 1, 335. — Toulouse, 9 décembre 1826. — C. N. 8, 2, 207. — Cour de rejet, 20 mai 1832. Sirey-Villeneuve, 32 1, 323. — C. rejet, 23 mai 1842. — S.-V., 42, 1, 733.

XXII. A ce sujet, M. Troplong, *De la Prescription* t. 1, nº 340, dit : « L'accroissement progressif de l'arbre « est une condition de sa nature ; le voisin a dû s'y at- « tendre. La prudence lui faisait un devoir de réclamer, « son silence équivaut à un acquiescement. C'est ainsi « que, lorsqu'une servitude s'annonce et se conserve par « des vestiges, le propriétaire qu'on veut asservir n'é- « prouve pas toujours un dommage actuel ; mais la cause « du dommage est là, menaçante et hostile pour l'avenir. « Il ne faut pas attendre, pour se prémunir contre un « danger, que le mal soit consommé : il faut savoir le « prévenir, *vigilantibus jura scripta sunt.* »

XXIII. La prescription court, lorsqu'il s'agit de baliveaux plantés sur taillis, non à partir du jour où ces baliveaux sont réservés dans l'exploitation, mais à partir du jour où les souches qui leur ont donné naissance apparaissent dans la terre. C. cassation, 13 mars 1850, S.-V., 50, 1, 383.

XXIV. Celui qui a acquis, par prescription, le droit de conserver des arbres à haute tige, plantés à une distance du fonds voisin moindre que la distance légale, n'a pas acquis par là le droit de les remplacer par d'autres, dans le cas où ces arbres viendraient à périr ou à être arrachés. — C. Rennes, 10 juin 1838, déjà cité. — Bourges, 8 décembre 1841, S.-V., 42, 2, 153. — Douai, 14 avril 18.. S.-V., 45, 2, 305. — Caen, 22 juillet 1845, S.-V., 46, 2, 609. — Cassation, 28 novembre 1853, déjà cité. — Toulouse, 1er mars 1855, S.-V., 57. 2, 2177. — Cassation. 22 décembre 1857, S.-V., 58, 1, 361.

XXV. Alors même qu'il s'agit d'arbres d'une forêt. — Cassation, 28 novembre 1853, déjà cité.

XXVI. Ou plantés par une commune sur une promenade publique. — Toulouse, 1er mars 1855, précité.

XXVII. Quand même il opposerait la destination du père de famille à son voisin, acquéreur du même auteur que lui. — Paris, 25 août 1825, S., coll. n. 8, 2, 132.

XXVIII. Lorsque des arbres à haute tige placés hors de la distance légale, ont, dans l'origine, fait partie d'une haie vive, le propriétaire qui, pour conserver ses arbres, invoque la prescription, quand la loi l'autorise, ne peut compter sa possession depuis le temps de la plantation de la haie, mais seulement depuis l'époque où les arbres sont devenus arbres à haute tige. C. d'Amiens, 21 décembre 1821, S., coll. no 6, 2, 506. — Bourges, 16 nov. 1830, déjà cité.

XXIX. Dans l'ancien pays de Gex, régi par le droit romain, la prescription de trente ans s'appliquait aux servitudes et droits de voisinage, quand ils étaient apparents, par conséquent aux arbres à haute tige qui se trouvaient sur les confins des héritages. — Cassation, 27 décembre 1820, Sirey, coll. no 6, 1, 352.

XXX. Dans le ci-devant comté de Bourgogne, on ne pouvait prescrire par la possession même immémoriale, le droit de conserver des arbres plantés au-delà de la distance. — Arrêts du parlement de Dijon, du 9 août 1743 et 8 juillet 1745.

XXXI. Il en était de même sous l'empire de la coutume de Ponthieu. — C. d'Amiens, 21 décembre 1821, déjà cité.

§ 8. — *Elagage.*

XXXII. — L'action en élagage est imprescriptible et peut être exercée alors même qu'il serait établi que les branches avancent depuis plus de trente ans. — Cour de Bourges, 4 juin 1845, S.V., 45, 2, 470. — Bastia, 3 mars 1856, S.-V., 56, 2, 202. — Douai, 3 juillet 1856, S.-V., 57, 2, 174.

XXXIII. Quand même, en vertu de la destination du père de famille, on aurait acquis le droit de conserver des arbres à une distance moindre que la distance légale. — C. rejet, 16 juillet 1835, S.-V., 35, 1, 799. — Bastia, 3 mars 1856, déjà cité.

XXXIV. L'article 672 du Code Napoléon, qui permet à tout propriétaire de requérir l'ébranchement des arbres portant sur son fonds, a effet, nonobstant tous anciens règlements et usages contraires; car usages et anciens règlements ne sont pas de ceux que maintient l'art. 671 du même Code. — C. cassation, 31 décembre 1810, Sirey, coll. n° 3, 1, 277.

XXXV. Les propriétaires riverains des bois et forêts ne peuvent se prévaloir de cet article 672 pour l'élagage des lisières desdits bois et forêts, si ces arbres ont plus de trente ans (art. 150 du Code forestier). Ces trente ans courent du jour de la publication (31 juillet 1827) de ce Code. — On a donc le droit de requérir l'élagage des bois et forêts. — C. Paris, 16 juillet 1814, S., coll. n° 7, 12, 321. — C. rejet, 31 juillet 1821, S., coll. n° 8, 614.

XXXVI. L'élagage des arbres formant lisière des bois et forêts, qui s'avancent sur les chemins publics, peut être ordonné par un règlement administratif ou de police, bien que ces arbres aient plus de trente ans. — C. cassation, 5 septembre 1845, S.-V., 46, 180.

XXXVII. Personnellement, le fermier d'un héritage rural, a qualité pour demander, contre le propriétaire voisin, l'élagage des arbres qui nuisent à ses récoltes. — C. rejet, 9 décembre 1817, S., coll. n° 5, 1, 391.

XXXVIII. Le propriétaire sur le fond duquel s'étendent les branches, ne pouvant les couper lui-même...672 Code Napoléon. — C. cassation, 15 février 1811, S., coll. nouv., 3, 1, 205.

XXXIV. ... peut cependant couper lui-même les racines s'étendant sur sa propriété (672 Code Napoléon), lors même qu'elles auraient plus de 30 ans. — C. Limoges, 2 avril 1846, S.-V., 46, 2, 372.

§ 6. — *Arrachage.*

XL. Le propriétaire voisin peut exiger l'arrachement des arbres des forêts qui se trouvent à moins de 2 mètres de la ligne séparative des deux propriétés, à moins que ces arbres n'aient plus de trente ans. — C. cassation, 28 novembre 1853, déjà cité.

XLI. Il en est ainsi lors même qu'il existerait entre les deux héritages un chemin dépendant de l'autre fonds, dont la largeur serait supérieure à 2 mètres. — Cassation, 25 mars 1862, S.-V., 53, 1, 470.

XLII. ... et quelque minime que soit la différence entre la distance observée et la distance légale, encore bien que le propriétaire des arbres s'engage à les laisser en taillis. — C. cassation, 5 mars 1850, S.-V., 50, 1, 377. — 25 mai 1853, S.-V., 53, 1, 714.

XLIII. .... quand même aussi les arbres qui sont, par leur nature, arbres à haute tige, seraient coupés et recépés périodiquement et tenus à la hauteur d'une haie. — C. cassation, 9 mars 1853, S.-V., 53, 1, 248. — Cassation, 25 mai 1853, déjà cité. — Cassation, 12 février 1861, S.-V., 61, 1, 327.

XLIV. Un usage contraire ne pourrait être invoqué qu'autant qu'il constituerait un droit positif, et non lorsqu'il n'a que le caractère d'une simple tolérance résultant de l'absence de réclamation de la part des voisins. — Mêmes arrêts de cassation, des 9 mars 1853 et 12 février 1861.

XLV. Lorsqu'il est constaté que, de temps immémorial, les propriétaires riverains d'un cours d'eau ont planté des arbres à haute tige le long de ce cours d'eau, sans l'assujettir à aucune distance, l'arrachement des arbres ainsi plantés, depuis moins de trente ans, ne peut être demandé. — C. cassation, 31 mars 1835.

XLVI. Il importe peu que les arbres plantés depuis moins de 30 ans, à une distance de moins de 2 mètres de la ligne séparative des héritages, fassent partie d'une haie et proviennent des rejets des souches ayant elles-mêmes une existence plus que trentenaire ; par suite, l'abattage de ces arbres nouveaux peut être exigé. — C. cassation, 22 décembre 1857, S.-V., 58, 1, 361. — Cassation, 25 mars 1862, S.-V., 62, 1, 470.

§ 7. — *Propriété du terrain entre les arbres plantés et le fonds voisin.*

XLVII. L'article 671 du Code Napoléon n'établit pas, en faveur de celui qui plante des arbres sur son fonds, une présomption légale de propriété du terrain, qui se trouve entre ses plantations et l'héritage contigu. Ce n'est qu'une simple présomption abandonnée, par l'art. 1353 du même Code, aux lumières et à la prudence du magistrat. — C. cassation, 14 avril 1852, S.-V., 52, 1, 3, 30. — C. Bordeaux, 6 janvier 1857, S.-V., 57, 2, 309. — C. Cassation, 22 juin 1863, S.-V., 63, 1, 438.

§ 8. — *Propriété des arbres.*

XLVIII. Un arbre planté sur la limite de deux fonds limitrophes, appartient indivisément aux deux propriétaires voisins, et non pas exclusivement à celui sur le fonds duquel se trouve la majeure partie du tronc. — C. Colmar, 12 novembre 1856, S.-V., 57, 2, 106.

XLIX. Des arbres plantés sur le sol d'autrui peuvent, isolément et indépendamment du sol qu'ils occupent, être l'objet d'une possession utile à prescription, et par conséquent d'une action possessoire, alor même qu'ils sont considérés séparément du sol sur lequel ils sont plantés et sur lequel le demandeur ne prétend ni droit de possession, ni droit de propriété. Il en est ainsi des arbres sur un chemin vicinal, aussi bien que de ceux existant sur un domaine privé. — C. cassation, 18 mai 1858, S.-V., 58, 1, 661. — Cassation, 7 novembre 1860, S.-V., 61, 1, 879. — Cassation, 23 décembre 1861, S-V., 62, 1, 181. — *Contrà*, C. rejet, 9 mai 1836, S.-V., 36, 1, 938.

L. Le propriétaire d'arbres joignant le fonds voisin n'a pas le droit d'exiger passage sur ce fonds pour y aller ramasser ou cueillir les fruits qui ne pourraient être récoltés autrement. — C. Bastia, 3 mars 1856, déjà cité.

§ 9. — *Haies.*

LI. Toute haie qui sépare des héritages est réputée mitoyenne, à moins qu'il n'y ait qu'un seul des héritages en état de clôture, ou s'il n'y a titre ou possession suffisante du contraire. — Art. 670 Code Napoléon.

LII. Les arbres qui se trouvent dans la haie mitoyenne sont mitoyens comme la haie, et chacun des deux propriétaires a le droit de requérir qu'ils soient abattus. — Art. 673 Code Napoléon. — Voir *Infrà*, nomb. LVII.

LIII. L'art. 670, rappelé nomb. LI, d'après lequel la haie séparative de deux héritages est réputée appartenir à l'héritage qui se trouve en état de clôture, fait règle, même dans les localités où un usage contraire existait avant la promulgation du Code Napoléon. Cet usage n'est pas de ceux conservés par l'art. 671 du même code. — C. Bourges, 30 novembre 1831, S.-V., 33, 2, 37.

LIV. La présomption légale de mitoyenneté d'une haie séparative ne peut être détruite par une simple possession annale. Il faut un titre ou une possession trentenaire pour prévaloir sur la présomption de la loi. — C. Angers, 7 juillet 1830, S.-V., 31, 2, 104. — C. Bourges, 31 mars 1837, S.-V., 32, 2,406. — C. cassation, 13 décembre 1836, S.-V., 37, 1,215. — Cour Bourges, 31 mars 1832, S.-V., 37, 2,268. — C. rejet, 17 janvier 1838, S.-V., 38, 1, 123. — *Contrà*, C. Bordeaux, 5 mai 1858, S.-V., 58, 2, 401.

LV. Cette présomption légale s'applique à chaque portion comme à la totalité de la haie. — Cassation, 13 décembre 1836, déjà cité.

LVI. Il faut prendre en considération, pour l'application de l'art. 670 Code Napoléon, non pas l'état actuel des lieux, mais leur état primitif : de sorte que, bien qu'un seul des héritages soit actuellement en état de clôture, la haie ne doit pas moins être présumée mitoyenne, s'il est établi que, dans le principe, les deux fonds étaient clos. — C. Caen, 1er juillet 1857, S.-V., 50, 2, 400.

LVII. Le co-propriétaire d'une haie mitoyenne peut l'arracher de sa seule autorité, en la remplaçant par un mur qui ne dépasse pas les limites de sa propriété, c'est-à-dire le milieu du sol occupé par la haie. L'arrêt qui le décide ainsi, sur le motif que le changement de clôture ne porte aucun préjudice à l'autre propriétaire, est du moins à l'abri de la cassation. — C. rejet, 22 avril 1820, S., coll. nouv., 9, 1, 270. — Voir *suprà*, nomb. LII.

LVIII ET DERNIER. La propriété d'une haie bordant un pré, peut être déclarée acquise par prescription, au profit du propriétaire de ce pré, lors même que celui-ci ne justifie que d'actes de possession, remontant à moins de trente ans : la présomption, admise dans l'ancienne jurisprudence, que la haie est une dépendance du pré, fait présumer que les actes de possession remontent à plus de trente ans. — C. rejet, 7 juillet 1845, S.-V., 46, 1, 37.

Exemples des calculs à faire pour obtenir le carré ou la racine d'un nombre non compris dans la table des carrés en usage de I à 10,000.

1° *Soit proposé d'élever le nombre* 28464 *au carré.*

On joint au carré des 4 premiers chiffres à droite 8464, pris dans les tables	=	71639296
Le carré de celui qui reste, 2, représentant 20,000	=	400000000
Et 2 fois 20,000 = 40000 × 8464	=	338560000
La somme de ces trois nombres est		810199296

est le carré de 28464

2° *Soit proposé d'extraire la racine du nombre* 81010296.

Opérant comme si les deux derniers chiffres à droite n'existaient pas, on cherche dans la table la racine de celui inférieur qui en est le plus voisin. Cette racine est 2846 pour 8099716.

On retranche ce dernier de celui proposé

	81;0199296
	80,99716
Et on divise la différence	227096

par 5692 double de la racine trouvée, 2846; le quotient 4 prend place à droite de 2846.

On trouve ainsi que 28464 est la racine carrée du nombre 81010296.

SEGMENTS CIRCULAIRES. I. Table donnant le rayon, l'arc, la surface et l'angle au centre d'un segment de cercle, connaissant sa flèche et sa corde (fig. 38).

Rapp^ts de la flèche à la corde $\frac{f}{c}$	VALEURS CORRESPONDANTES A LA CORDE PRISE POUR UNITÉ.								
	Rayon R	D	Angle au centre 2 u — en degrés	Angle au centre 2 u — en minutes	D	Longueur de l'arc α	D	Surface du segment S	D
0 010	13 0000	0650 0	4° 25'	265'	27 7	1 0003	0 8	0 0067	6 6
0 020	6 3500	2033 3	9 02	542	25 6	1 0011	1 2	0 0133	6 7
0 030	4 3107	4172 0	13 18	798	30 0	1 0023	2 0	0 0200	6 7
0 040	3 1450	615 0	18 18	1098	27 3	1 0043	2 4	0 0267	6 7
0 050	2 5250	411 7	22 51	1371	27 1	1 0067	2 9	0 0334	6 7
0 060	2 1133	292 6	27 22	1642	27 1	1 0096	3 5	0 0401	6 8
0 070	1 8207	218 2	31 53	1913	26 9	1 0131	3 9	0 0469	6 7
0 080	1 6025	168 1	36 22	2182	26 6	1 0170	4 4	0 0536	6 8
0 090	1 4344	134 4	40 48	2448	26 7	1 0214	5 1	0 0604	6 8
0 100	1 3000	108 6	45 15	2715	26 2	1 0265	5 5	0 0672	6 9
0 110	1 1914	89 8	49 37	2977	26 2	1 0320	6 0	0 0741	6 9
0 120	1 1016	75 1	53 59	3239	25 9	1 0380	6 5	0 0810	6 9
0 130	1 0265	63 7	58 18	3498	25 6	1 0445	7 0	0 0879	6 9
0 140	0 9628	54 5	62 34	3754	25 7	1 0515	7 5	0 0948	7 0
0 150	0 9083	47 1	66 48	4008	25 1	1 0590	7 9	0 1018	7 0
0 160	0 8612	40 9	70 50	4250	24 7	1 0669	8 5	0 1088	7 1
0 170	0 8203	35 9	75 00	4500	24 6	1 0754	8 9	0 1159	7 2
0 180	0 7844	31 5	79 12	4752	24 2	1 0843	9 3	0 1231	7 1
0 190	0 7529	27 9	83 14	4994	23 8	1 0936	9 9	0 1302	7 3
0 200	0 7250	24 8	87 12	5232	23 6	1 1035	10 2	0 1375	7 3
0 210	0 7002	22 0	91 08	5468	23 2	1 1137	10 7	0 1448	7 4
0 220	0 6782	19 7	95 00	5700	22 8	1 1244	11 2	0 1522	7 4
0 230	0 6585	17 7	98 48	5928	22 6	1 1356	11 5	0 1596	7 5
0 240	0 6408	15 8	102 34	6154	22 2	1 1471	12 0	0 1671	7 6
0 250	0 6250	14 3	106 10	6370	21 8	1 1591	12 4	0 1747	7 7
0 260	0 6107	12 7	109 54	6594	21 4	1 1715	12 8	0 1824	7 7
0 270	0 5980	11 6	113 28	6808	21 2	1 1843	13 1	0 1901	7 9
0 280	0 5864	11 4	117 00	7020	20 7	1 1974	13 6	0 1980	7 8
0 290	0 5760	9 4	120 27	7227	20 5	1 2110	13 9	0 2058	7 9
0 300	0 5666	8 4	123 52	7432	20 0	1 2249	14 3	0 2137	8 1
0 310	0 5582	7 6	127 12	7632	19 7	1 2392	14 7	0 2218	8 1
0 320	0 5506	6 8	130 29	7829	19 3	1 2539	15 0	0 2299	8 2
0 330	0 5438	6 2	133 42	8022	19 1	1 2689	15 4	0 2381	8 3
0 340	0 5376	5 5	136 53	8213	18 6	1 2843	15 7	0 2464	8 4
0 350	0 5321	4 9	139 59	8399	18 2	1 3000	16 0	0 2548	8 5
0 360	0 5272	4 4	143 01	8581	18 1	1 3160	16 3	0 2633	8 6
0 370	0 5228	3 9	146 02	8762	17 5	1 3323	16 7	0 2719	8 7
0 380	0 5189	3 4	148 57	8937	17 3	1 3490	17 0	0 2806	8 7
0 390	0 5155	3 0	151 50	9110	16 8	1 3660	17 2	0 2893	8 9
0 400	0 5125	2 6	154 38	9278	16 6	1 3832	17 6	0 2982	9 0
0 410	0 5099	2 3	157 24	9444	16 3	1 4008	17 8	0 3072	9 0
0 420	0 5076	1 9	160 07	9607	16 0	1 4186	18 1	0 3162	9 2
0 430	0 5057	1 6	162 47	9767	15 7	1 4367	18 4	0 3254	9 3
0 440	0 5041	1 3	165 24	9924	15 3	1 4551	18 7	0 3347	9 4
0 450	0 5028	1 1	167 57	10077	15 1	1 4738	18 9	0 3441	9 5
0 460	0 5017	0 8	170 28	10228	15 2	1 4927	19 1	0 3536	9 6
0 470	0 5010	0 5	172 58	10378	14 4	1 5118	19 5	0 3632	9 7
0 480	0 5004	0 3	175 20	10520	14 1	1 5313	19 6	0 3729	9 9
0 490	0 5001	0 1	177 41	10661	13 9	1 5509	19 9	0 3828	9 9
0 500	0 5000		180 00	10800		1 5708		0 3927	

II. TABLE *donnant le développement de l'ellipse* (fig. 39).

Rapports des $\frac{1}{2}$ *axes* $\frac{B}{A}$	Développements pour $\frac{1}{4}$ d'ellipse *d*	Différences	OBSERVATIONS SUR L'EMPLOI DE CETTE TABLE.
0 100	1 01581		$A = \frac{1}{2}$ grand axe; $B = \frac{1}{2}$ petit axe; $d =$ dévelop. du $\frac{1}{4}$ d'ellipse. Les différences seront utilisées pour calculer les développements qui ne figureraient pas parmi ceux du tableau ci-contre, développements correspondants aux rapports des $\frac{1}{2}$ *axes* $\frac{A}{B}$ insérés dans la première colonne. Le développement total de l'ellipse sera obtenu en $\times$ 4 la longueur calculée pour le $\frac{1}{4}$ de la courbe.
		34 03	
0 200	1 05044		
		41 69	
0 300	1 09213		
		58 00	
0 400	1 15003		
		60 42	
0 500	1 21105		
		65 30	
0 600	1 27035		
		69 24	
0 700	1 34550		
		72 50	
0 800	1 41818		
		77 07	
0 900	1 49525		
		75 45	
1 000	1 57070		

TABLES DES SEGMENTS CIRCULAIRES
et des développements elliptiques,
Calculées par J. Cuisset, *géomètre.*

1° *Table des segments circulaires.* — Les Géomètres-métreurs ont souvent à s'occuper, dans les métrés de bâtiments qui leur sont confiés, d'ouvertures et de voûtes surbaissées suivant un arc de cercle dont les calculs, sans être difficiles, sont cependant assez longs à faire.

C'est pour abréger ces calculs que nous avons composé la *Table des segments circulaires* au moyen de laquelle on trouve le *rayon* d'un arc, son *angle au centre*, son *développement* et la surface de son *segment*, lorsqu'on connaît sa *flèche* et sa *corde*, éléments qu'il est toujours facile de mesurer.

Pour comprendre la manière dont la *Table I* a été calculée, supposons qu'on considère, dans deux cercles quelconques, deux cercles semblables *a*, *a'* ou d'un même nombre de degrés, les *cordes* et les *flèches* de ces arcs seront dans le même rapport que leurs *rayons* R, r (fig. 38), et les *secteurs* et les *segments* seront dans le même rapport que le *carré* R^2, r^2 de ces mêmes *rayons*

Il résulte de ces propriétés géométriques, que si nous prenons la corde ou *base* d'un arc égale à l'unité et que, faisant varier la flèche ou *montée* de cet arc, du tiers, du quart, du cinquième... de ladite corde, nous calculions, suivant ces diverses hypothèses, le rayon, l'arc et le segment, nous aurons une série d'éléments tabulaires qui abrégeront considérablement les calculs, puisque, pour obtenir le rayon et l'arc correspondant à une corde 3, 4, 5... fois plus grande, la flèche suivant toujours la même proportion du tiers, du quart, du cinquième..., il suffira de multiplier par 3, 4, 5..., ceux que nous avons déjà calculés par la même hypothèse pour composer la *Table* ; on obtiendra de même le segment correspondant, en multipliant par les carrés 9, 16, 25... celui que nous aurons calculé d'après les mêmes hypothèses. Une application fera mieux ressortir les avantages qu'offre cette *Table* sur les procédés de calcul ordinaires.

1re *application numérique*. — La corde d'un arc est de 15m50 et la flèche du cinquième, ou 0,20 ; déterminer le rayon, l'angle au centre, la longueur de l'arc et la surface du segment.

1° *Rayon* R = 15,50 × 0,7280 = 11m24 ;

2° *Angle au centre* 2 *n* — 87°12' (donné directement par la table) ;

3° *Arc développé* α = 15,50 × 1,1035 = 17,10 ;

4° *Surface du segment* S = 15,50² × 0,1375 = 33mc03.

NOTA. La surface du segment est obtenue, ainsi que nous l'avons dit, *en multipliant le carré de la corde par le coefficient correspondant de la table*.

Si le rapport $\frac{f}{c}$ de la flèche à la corde ne se trouvait pas dans la table, on obtiendrait le coefficient correspondant au moyen des différences.

2me *application numérique*. — La corde est de 15m50 et la flèche de 6m ; déterminer le rayon, l'angle au centre, la longueur de l'arc et la surface du segment correspondant.

Le rapport $\frac{f}{c} = \frac{6,00}{15,50} = 0,387$, en s'arrêtant au chiffre des millièmes.

La table donne :

1° *Rayon* R $\left\{\begin{array}{l}\text{pour } 0,380 \ldots\ldots 0,5189 \\ \text{id. } 0,007 - \quad\quad 24\end{array}\right\}$
= 0,5165 × 15,50 R = 8m00.

2° *Angle au centre* 2 n { pour 0,380... 89°37' / id. 0,007.× 121' }

$$= \frac{90°58'}{60} \quad 2n = 150°\,58'$$

3° *Arc développé* α { pour 0,380 1,3490 / id. 0,007 × 119 }

$$= 1{,}3609 \times 15{,}50 \quad \alpha = 21^{m}\,09$$

4° *Surface segment* { pour 0,380... 0,2806 / id. 0,007... × 61 }

$$= 0{,}2867 \times 15{,}50^{2} \quad S = 68{,}88.$$

Observations. — Nous avons pris dans cette table pour rapport entre la flèche et la corde, la suite des nombres décimaux compris entre 0,01 et 0,50, fleche égale au rayon du cercle dont la plus grande corde égale le diamètre ou l'unité. Mais, dans la pratique des constructions, le rapport entre la flèche et la corde d'une voûte est généralement compris entre le huitième et le tiers de l'ouverture environ, c'est-à-dire entre 0,12 et 0,30, limites qu'on peut considérer comme extrêmes.

L'approximation obtenue au moyen de cette table sera d'un dix-millième du carré de la corde pour le rayon et l'arc et d'un dix-millième du carré de la corde pour la surface du segment, ce qui est très-suffisant pour la pratique.

Formules pour calculer le rayon et la surface d'un segment, connaissant sa flèche et sa corde.

Si on représente par R le rayon (fig. 38) ;
» l la demi-corde de l'arc ;
» f la flèche de l'arc,

on sait qu'on aura $R = \frac{l^2 + f^2}{2f}$, formule qui peut nous servir à contrôler le résultat donné par la table I.

Reprenons donc la première application ; nous aurons : $l = 7.78$; $f = 3.10$, ou par suite $R = \frac{7.78^2 + 3.10^2}{6\ 20}$ $= 11^{m}\,24$, valeur égale à celle déjà calculée pour le même rayon.

La surface d'un segment peut s'obtenir directement par la formule empirique suivante :

$$S = f \times \frac{(3f^2 + 4c^2)}{6c}$$

Appliquons cette formule au premier exemple, nous aurons :

$$S = 3.10 \times \left(\frac{3 \times 10^2 + 4 \times 15.50^2}{6 \times 15.50}\right) = 33^{m.\ c.}\ 00,$$

résultat qui ne diffère que de 0,03 avec celui déjà obtenu dans la première application. Or, comme les segments que l'on a à calculer dans les métrés de ponts, de bâtiments.... sont presque toujours plus petits que celui qui nous occupe, il en résulte que cette formule empirique donnera une exactitude très suffisante dans la généralité des cas.

2° *Table donnant la longueur rectifiée de l'ellipse.* — Il arrive aussi assez fréquemment que, dans les métrés et les épures de voûtes, on a besoin de connaître la longueur rectifiée d'une ellipse ; mais les calculs à faire pour l'obtenir étant longs et difficiles, les métreurs et les appareilleurs se bornent ordinairement à relever la longueur de cette courbe sur une épure construite au dixième de grandeur.

Pour éviter cette perte de temps et ces tâtonnements, on pourra faire usage de la Table II, laquelle contient les valeurs des divers quarts d'ellipse, depuis celle où le demi petit axe est $\frac{1}{10}$ du demi grand axe, jusqu'à celle où ils sont égaux entre eux, ce qui est le quart de cercle dont la longueur égale 1.57080.

Lorsque le rapport des demi-axes de l'ellipse dont on voudra calculer le périmètre ne sera pas compris parmi ceux de la table, cette longueur sera obtenue au moyen des différences inscrites entre deux rapports consécutifs.

Application numérique. — Calculer le développement d'une voûte elliptique dont le $\frac{1}{2}$ grand axe est de 10m 80 et le $\frac{1}{2}$ petit axe de 6m 20.

Si nous désignons par A le $\frac{1}{2}$ grand axe et par B le $\frac{1}{2}$

petit axe, le rapport $\frac{B}{A}$ du $\frac{1}{2}$ petit axe au $\frac{1}{2}$ grand axe sera, pour le cas qui nous occupe, $\frac{6,20}{16,80} = 0,369$, en nous arrêtant aux millièmes. On voit dans la table que ce rapport est compris entre 0,300 et 0,400.

Or, au rapport { 0.300 . . . . correspond. 1.09213
{ 0,069 × diff. tab. 58,00 id. + 4002

On a donc pour 0,369 le dévelop. correspond. = 1.13215
Ce dernier nombre multiplié par 16m 80 × 2 donnera 38m 04 ; c'est le développement cherché de la demi-ellipse.

Surface de l'ellipse. — Quant à la surface de l'ellipse, on sait qu'elle est égale à . . . . π AB.

TABLES DE CUBAGE DES BOIS.

Dans les estimations de bois sur pied, les arbres s'apprécient généralement à vue, par hauteur de mètre en mètre, et par grosseur de 10 en 10 centimètres, cette grosseur prise à 1 mètre 30 centimètres au-dessus du sol. C'est en vue de ce genre d'appréciation rapide qu'ont été dressés les deux premiers tableaux suivants, par M. Lefèvre, de Sucy (Seine-et-Oise), et le 3e par M. Gillet, de Joinville (Haute-Marne).

Mais la grosseur des arbres à 1 m. 30 c. du sol n'exprimant pas celle du milieu de l'arbre, les praticiens ont admis qu'en déduisant 1/10 de la circonférence prise à 1 m. 30 du sol, on avait à peu de chose près le pourtour de l'arbre vers son milieu.

C'est cette grosseur réduite qui forme la 2e tranche horizontale des trois tableaux, *et d'après laquelle les tables sont calculées.*

Par exemple, si nous cherchons ce que produit au sixième de la circonférence déduit, un arbre de 1 m. 10 c. la grosseur prise à 1 m. 30 c. du sol, sur 15 m. de hauteur, nous trouvons à la table 0,651, ou pratiquement six décistères et demi. Mais c'est en réalité l'expression d'un arbre qui a 15 m. de hauteur, sur 1 m. de grosseur au milieu de sa longueur.

TABLEAUX DU CUBAGE DES BOIS

1er TABLEAU. — *Cubage au sixième de la circonférence déduit.*

GROSSEURS à $1^{m}30$ au milieu	$0^{m}50$ 0, 44	$0^{m}60$ 0, 54	$0^{m}70$ 0, 62	$0^{m}80$ 0, 72	$0^{m}90$ 0, 80	$1^{m}00$ 0, 90	$1^{m}10$ 1, 00	$1^{m}20$ 1, 08	$1^{m}30$ 1, 18	$1^{m}40$ 1, 26	$1^{m}50$ 1, 36	$1^{m}60$ 1, 44
1^{m}	0,008	0,013	0,017	0,022	0,028	0.035	0,043	0,051	0,060	0,069	0,080	0,090
2	0,017	0,025	0,033	0,045	0,056	0,070	0,087	0,101	0,121	0,138	0,161	0,180
3	0,025	0,038	0,050	0,068	0,083	0,105	0,130	0,152	0,181	0,207	0,241	0,270
4	0,034	0,051	0,067	0,090	0,111	0,141	0,174	0,203	0,242	0,276	0,321	0,360
5	0,042	0,063	0,083	0,113	0,139	0,176	0,217	0,253	0,302	0,345	0,401	0,450
6	0,050	0,076	0,100	0,135	0,167	0,211	0,260	0,304	0,363	0,413	0,482	0,540
7	0,059	0,088	0,117	0,158	0,194	0,246	0,304	0,354	0,423	0,482	0,562	0,630
8	0,067	0,101	0,133	0,180	0,222	0,281	0,347	0,405	0,483	0,551	0,642	0,720
9	0,076	0,114	0,150	0,203	0,250	0,316	0,391	0,456	0,544	0,620	0,722	0,810
10	0,084	0,127	0,167	0,225	0,278	0,352	0,434	0,506	0,604	0,689	0,803	0,900
11	0,092	0,140	0,184	0,247	0,306	0,387	0,477	0,557	0,664	0,758	0,883	0,990
12	0,101	0,152	0,200	0,270	0,334	0,422	0,521	0,607	0,725	0,827	0,964	1,080
13	0,109	0,165	0,217	0,293	0,361	0,457	0,564	0,658	0,785	0,896	1,044	1,170
14	0,118	0,178	0,234	0,315	0,389	0,493	0,608	0,709	0,846	0,965	1,124	1,260
15	0,126	0,190	0,250	0,338	0,417	0,528	0,651	0,759	0,906	1,034	1,204	1,350

1er TABLEAU. — *Cubage au sixième de la circonférence déduit* (suite.)

1m 70 1, 54	1m 80 1, 62	1m 90 1, 70	2m 00 1, 80	2m 10 1, 88	2m 20 1, 98	2m 30 2, 06	2m 40 2, 16	2m 50 2, 24	2m 60 2, 34	2m 70 2, 42	2m 80 2, 52	2m 90 2, 60	3m 00 2, 70
0,103	0,114	0.126	0.141	0.153	0.170	0.184	0.202	0.218	0.238	0,254	0,276	0.293	0,316
0,206	0,228	0.251	0,281	0.307	0.340	0.368	0,405	0.436	0,475	0,508	0,551	0,587	0,633
0,309	0,342	0,377	0,422	0,460	0,510	0,553	0.607	0.653	0.713	0,763	0,827	0,880	0,949
0,412	0,456	0,502	0,563	0,614	0.681	0,737	0.810	0.871	0.951	1,017	1,102	1,174	1,266
0,515	0,570	0.628	0.703	0,767	0,851	0,921	1.012	1.089	1.188	1,271	1,378	1,467	1,582
0,618	0,683	0,753	0,844	0.920	1.021	1,105	1.215	1.307	1.426	1,525	1,654	1,760	1,898
0,721	0,797	0,879	0,984	1,074	1.191	1.289	1.417	1.524	1.664	1,779	1,929	2,054	2,215
0,823	0,911	1,004	1,125	1,227	1,361	1.473	1.620	1.742	1.901	2.033	2,205	2,347	2,531
0,926	1,025	1,130	1,266	1,381	1,531	1.658	1,822	1,960	2.139	2.288	2,481	2,641	2,848
1,029	1,139	1,255	1.406	1,534	1,702	1,842	2.025	2.178	2,377	2,542	2,756	2,934	3,164
1,132	1,253	1,381	1.547	1,687	1.872	2,026	2.227	2,396	2.615	2,796	3,032	3,227	3.480
1,235	1,367	1,506	1,687	1.841	2,042	2,210	2,430	2.614	2,852	3,050	3,307	3,521	3,797
1,338	1,481	1.632	1,828	1,994	2.212	2,394	2.632	2.831	3.090	3,304	3.583	3,814	4,113
1,441	1,595	1,757	1,969	2,148	2,383	2.579	2,835	2.049	3.328	3,559	3,858	4,108	4,430
1,544	1,709	1,883	2,109	2,301	2,553	2,763	3,037	3,267	3,565	3,814	4,134	4.401	4,746

2e TABLEAU. — *Cubage au carré du quart de la circonférence sans déduction.*

GROSSEUR à 1m30 / au milieu	0m 50 / 0, 44	0m 60 / 0, 54	0m 70 / 0, 62	0m 80 / 0, 72	0m 90 / 0, 80	1m 00 / 0, 90	1m 10 / 1, 00	1m 20 / 1, 08	1m 30 / 1, 18	1m 40 / 1, 26	1m 50 / 1, 36	1m 60 / 1, 44
1m	0,012	0,018	0,024	0,032	0,040	0,056	0,062	0,073	0,087	0,099	0,116	0,130
2	0,024	0,036	0,048	0,065	0,0[illegible]	0,112	0,125	0,146	0,174	0,198	0,231	0,259
3	0,036	0,055	0,072	0,097	0,120	0,169	0,187	0,219	0,261	0,297	0,347	0,389
4	0,048	0,073	0,096	0,130	0,160	0,225	0,250	0,292	0,348	0,397	0,462	0,518
5	0,060	0,091	0,120	0,162	0,200	0,281	0,312	0,364	0,435	0,496	0,578	0,648
6	0,073	0,109	0,144	0,194	0,240	0,337	0,375	0,437	0,522	0,595	0,694	0,778
7	0,085	0,127	0,168	0,227	0,280	0,394	0,437	0,510	0,609	0,695	0,809	0,907
8	0,097	0,146	0,192	0,259	0,320	0,450	0,500	0,583	0,696	0,794	0,925	1,037
9	0,109	0,164	0,216	0,292	0,360	0,506	0,562	0,656	0,783	0,893	1,040	1,166
10	0,121	0,182	0,240	0,324	0,400	0,562	0,625	0,729	0,870	0,992	1,156	1,296
11	0,133	0,200	0,264	0,356	0,440	0,618	0,687	0,802	0,957	1,091	1,272	1,426
12	0,145	0,218	0,288	0,389	0,480	0,674	0,750	0,875	1,044	1,190	1,387	1,555
13	0,157	0,237	0,312	0,421	0,520	0,731	0,812	0,948	1,131	1,289	1,503	1,685
14	0,169	0,255	0,336	0,454	0,560	0,787	0,875	1,021	1,218	1,389	1,618	1,814
15	0,181	0,273	0,360	0,486	0,600	0,843	0,937	1,093	1,305	1,488	1,734	1,944

2e TABLEAU. — *Cubage au carré de la circonférence sans déduction* (suite).

GROSSEURS à 1m30 au milieu	1m 70 1, 54	1m 80 1. 62	1m 90 1. 70	2m 00 1. 80	2m 10 1. 88	2m 20 1. 98	2m 30 2. 06	2m 40 2. 16	2m 50 2. 24	2m 60 2. 34	2m 70 2. 42	2m 80 2, 52	2m 90 2, 60	3m 00 2, 70
1m	0,148	0,164	0,181	0.202	0.221	0.245	0,265	0.292	0.314	0.342	0.366	0.397	0.422	0.456
2	0.296	0,328	0.361	0,405	0.442	0.490	0.530	0.583	0.627	0.684	0.732	0.794	0.845	0,911
3	0,445	0,492	0.542	0,607	0.663	0.735	0.796	0.875	0.941	1,027	1.098	1,191	1.267	1,367
4	0.593	0,656	0,722	0,810	0.883	0,980	1,061	1.166	1.254	1.369	1,464	1.588	1,690	1,822
5	0.741	0.820	0.903	1.012	1.104	1,225	1,326	1.458	1.568	1.711	1.830	1,984	2,112	2.278
6	0,889	0.984	1.084	1,215	1.325	1.470	1,591	1.750	1.882	2.052	2.196	2,381	2,535	2,734
7	1.037	1.148	1.264	1,417	1.546	1,715	1.857	2.041	2.195	2.396	2,562	2.778	2.957	3.189
8	1,186	1,312	1,445	1.620	1.767	1.960	2.122	2.333	2.509	2.738	2.928	3.175	3.380	3,645
9	1.334	1.476	1.626	1.822	1.988	2.205	2.387	2,624	2.822	3.080	3.294	3,572	3,802	4.101
10	1.482	1.640	1.806	2.025	2.209	2.450	2.652	2.916	3.136	3,422	3.660	3,969	4.225	4.556
11	1.630	1,804	1.987	2.227	2.430	2.695	2.917	3.208	3.450	3.764	4.026	4.366	4.647	5.012
12	1.778	1,968	2.167	2.430	2.651	2.940	3.182	3.499	3.763	4.106	4.392	4.763	5,070	5.467
13	1,927	2.132	2.348	2.632	2.872	3.185	3.448	3.791	4.077	4.449	4.758	5.160	5,492	5.923
14	2,075	2.296	2.528	2.835	3,092	3,430	3,713	4.082	4.390	4.791	5.124	5.557	5.915	6.378
15	2,223	2,460	2.709	3,037	3,313	3,675	3,978	4.374	4.704	5.133	5.490	5.953	6,337	6,834

NOTA. Dans ce Tableau et dans celui qui précède, la première colonne horizontale représente la grosseur de l'arbre prise à 1m30 du sol. La deuxième colonne horizontale représente la grosseur de l'arbre prise au milieu. La première verticale à gauche indique les hauteurs. Toutes les autres colonnes présentent les produits en mètres cubes et en fractions.

3e Tableau

Du cinquième de la circonférence déduit.

Grosseur à 1m 30 au milieu	0m50 0, 45	0m60 0, 54	0m70 0, 63	0m80 0, 72	0m90 0, 81	1m00 0, 90	1m10 0, 99	1m20 1, 08	1m30 1, 17	1m40 1, 26	1m50 1, 35	1m60 1, 44	1m70 1, 53
1m	0,008	0,012	0,016	0,021	0,026	0,032	0,039	0,047	0,055	0,063	0,073	0,083	0,094
2	0,016	0,023	0,032	0,041	0,052	0,065	0,078	0,093	0,109	0,127	0,146	0,176	0,187
3	0,024	0,035	0,048	0,062	0,079	0,097	0,117	0,140	0,164	0,190	0,219	0,259	0,281
4	0,032	0,047	0,063	0,083	0,105	0,129	0,157	0,187	0,219	0,254	0,292	0,352	0,374
5	0,040	0,058	0,079	0,104	0,131	0,162	0,196	0,233	0,274	0,317	0,364	0,415	0,468
6	0,049	0,070	0,095	0,124	0,157	0,194	0,235	0,280	0,328	0,381	0,437	0,498	0,562
7	0,057	0,082	0,111	0,145	0,184	0,227	0,274	0,326	0,383	0,444	0,510	0,581	0,655
8	0,065	0,093	0,127	0,166	0,215	0,259	0,313	0,373	0,438	0,508	0,583	0,663	0,749
9	0,073	0,105	0,143	0,187	0,236	0,292	0,353	0,420	0,493	0,571	0,656	0,746	0,843
10	0,081	0,117	0,159	0,207	0,262	0,324	0,392	0,466	0,547	0,635	0,729	0,829	0,936
11	0,089	0,128	0,174	0,228	0,288	0,356	0,431	0,513	0,602	0,698	0,802	0,912	1,030
12	0,098	0,140	0,190	0,248	0,314	0,388	0,470	0,560	0,656	0,762	0,875	0,995	1,123
13	0,106	0,152	0,206	0,269	0,341	0,421	0,509	0,606	0,711	0,825	0,947	1,079	1,217
14	0,114	0,164	0,222	0,290	0,368	0,454	0,548	0,652	0,766	0,888	1,020	1,162	1,310
15	0,122	0,175	0,238	0,311	0,394	0,486	0,587	0,699	0,821	0,952	1,093	1,244	1,404

3e TABLEAU
au cinquième de la circonférence déduit (suite).

GROSSEUR à 1m30 au milieu.	1m 80	1m 90	2m 00	2m 10	2m 20	2m 30	2m 40	2m 50	2m 60	2m 70	2m 80	2m 90	3m 00
	1, 62	1, 71	1, 80	1, 89	1, 98	2, 07	2, 16	2, 25	2, 34	2, 43	2, 52	2, 61	2, 70
1m	0,105	0,117	0,130	0,143	0,157	0,171	0,187	0,202	0,219	0,236	0,254	0,272	0,292
2	0,210	0,234	0,259	0,286	0,314	0,343	0,373	0,405	0,438	0,472	0,508	0,545	0,583
3	0,315	0,351	0,389	0,429	0,471	0,514	0,560	0,607	0,657	0,709	0,762	0,817	0,875
4	0,420	0,468	0,518	0,572	0,627	0,686	0,746	0,810	0,876	0,944	1,016	1,090	1,166
5	0,525	0,585	0,648	0,715	0,784	0,857	0,933	1,012	1,095	1,181	1,270	1,362	1,458
6	0 630	0,702	0,778	0,857	0,941	1,028	1,120	1,215	1,314	1,417	1,524	1,635	1,750
7	0,734	0,819	0,907	1,000	1,098	1,200	1,306	1,418	1,533	1,655	1,778	1,907	2,041
8	0,839	0,936	1,037	1,143	1,254	1,371	1,493	1,620	1,752	1,889	2,032	2,180	2,333
9	0,943	1,053	1,166	1,286	1,411	1,543	1,680	1,823	1,971	2,126	2,286	2,452	2,624
10	1,050	1,170	1,296	1,429	1,568	1,714	1,866	2,025	2,190	2,362	2,540	2,725	2,916
11	1,155	1,287	1,426	1,572	1,725	1,885	2,053	2,228	2,409	2,598	2,794	2,997	3,208
12	1,260	1,404	1,555	1,715	1,882	2,057	2,239	2,430	2,628	2,834	3,048	3,270	3,499
13	1,365	1,521	1,685	1,857	2,038	2,228	2,426	2,633	2,847	3,070	3,302	3,542	3,791
14	1,468	1,638	1,814	2,000	2,195	2,400	2,613	2,835	3,066	3,307	3,556	,3815	4,082
15	1,573	1,755	1,944	2,143	2,352	2,571	2,799	3,038	3,285	3,545	3,810	,4087	4,374

NOTA. — Dans ce Tableau et dans ceux qui précèdent, la première colonne horizontale représente la grosseur de l'arbre prise à 1m 30 du sol; la deuxième colonne horizontale représente la grosseur de l'arbre prise au milieu. La première verticale à gauche indique les hauteurs. Toutes les autres colonnes présentent les produits en mètres cubes et en fractions.

TABLEAU DU CUBAGE DES BOIS

correspondant au carré du quart de la circonférence sans déduction.

Réduction du diamètre à l'équarrissage.

Diamètre à 1m30 du sol / Équarrissage.	0m 20 / 0.14	0.25 / 0.17 à 18	0.30 / 0.21	0.35 / 0.24 à 25	0.40 / 0.28	0.45 / 0.31 à 32	0.50 / 0.35	0.55 / 0.38 à 39	0.60 / 0.42	0.65 / 0.45 à 46
1m	0.020	0.032	0.044	0.058	0.078	0.096	0.122	0.152	0.176	0.202
2	0.039	0.065	0.088	0.115	0.157	0.192	0.245	0.304	0.353	0.405
3	0.059	0.097	0.132	0.173	0.235	0.288	0.367	0.456	0.529	0.607
4	0.078	0.130	0.176	0.230	0.314	0.384	0.490	0.608	0.706	0.810
5	0.098	0.162	0.220	0.288	0.392	0.480	0.612	0.760	0.882	1.012
6	0.118	0.194	0.264	0.346	0.470	0.576	0.734	0.912	1.058	1.214
7	0.137	0.227	0.308	0.403	0.549	0.672	0.857	1.064	1.235	1.417
8	0.157	0.259	0.352	0.461	0.627	0.768	0.979	1.216	1.411	1.619
9	0.176	0.292	0.396	0.518	0.706	0.864	1.102	1.368	1.588	1.822
10	0.196	0.324	0.440	0.576	0.784	0.960	1.224	1.520	1.764	2.024
11	0.216	0.356	0.484	0.634	0.862	1.056	1.346	1.672	1.940	2.226
12	0.235	0.389	0.528	0.691	0.941	1.152	1.469	1.824	2.117	2.429
13	0.255	0.421	0.572	0.749	1.019	1.248	1.591	1.976	2.293	2.631
14	0.274	0.454	0.616	0.806	1.098	1.344	1.714	2.128	2.470	2.834
15	0.294	0.486	0.660	0.864	1.176	1.440	1.836	2.280	2.646	3.036

—	0.70 / 0.49	0.75 / 52 à 53	0.80 / 0.56	0.85 / 59 à 60	0.90 / 0.63	0.95 / 66 à 67	1.00 / 0.70	1.05 / 73 à 74	1.10 / 0.77	1.15 / 80 à 81	1 20 / 0.84
1	0.240	0.281	0.314	0.360	0.397	0.449	0.490	0.548	0.593	0.638	0.706
2	0.480	0.562	0.627	0.720	0.794	0.898	0.980	1.095	1.186	1.277	1.411
3	0.720	0.842	0.941	1.080	1.190	1.346	1.470	1.643	1.778	1.915	2.117
4	0.960	1.123	1.254	1.440	1.587	1.795	1.960	2.190	2.371	2.554	2.822
5	1.200	1.404	1.568	1.800	1.984	2.244	2.450	2.738	2.964	3.192	3.528
6	1.440	1.685	1.882	2.160	2.381	2.693	2.940	3.286	3.557	3.830	4.234
7	1.680	1.966	2.195	2.520	2.778	3.142	3.430	3.833	4.150	4.469	4.939
8	1.920	2.246	2.509	2.880	3.174	3.590	3.920	4.381	4.742	5.107	5.644
9	2.160	2.527	2.822	3.240	3.571	4.039	4.410	4.928	5.335	5.746	6.351
10	2.400	2.808	3.136	3.600	3.968	4.488	4.900	5.476	5.928	6.384	7.056
11	2.640	3.089	3.450	3.960	4.365	4.937	5.390	6.024	6.521	7.022	7.761
12	2.880	3.370	3.763	4.320	4.762	5.386	5.880	6.571	7.114	7.661	8.468
13	3.120	3.650	4.077	4.680	5.158	5.834	6.370	7.119	7.706	8.299	9.172
14	3.360	3.931	4.390	5.040	5.555	6.283	6.860	7.666	8.299	8.938	9.878
15	3.600	4.212	4.704	5.400	5.952	6.732	7.350	8.214	8.892	9.576	10.584

NOTA. — Au présent tableau, envoyé par M. Barthélemy, géomètre à Corbeil (Seine-et-Oise), on obtient l'équarrissage en déduisant les 3/10mes du diamètre pris à 1 m. 30 c. du sol.

FORMULES SUR QUELQUES OPERATIONS.

Procès-verbal d'arpentage à la requête d'un propriétaire.

L'an

A la requête

Nous soussigné

géomètre à

Nous sommes transporté sur une pièce de terre dont il est propriétaire, située au terroir de lieudit portée au cadastre sous le n° de la section pour en faire l'arpentage.

Nous avons, en conséquence, procédé au levé du plan de sa surface en la présence du requérant et sur les renseignements de limites qu'il nous a lui-même fournis.

Il résulte de ce levé que ladite pièce contient et a les longueurs, largeurs, dimensions et bornes indiquées à la figure suivante :

(*Ici la figure.*)

De notre opération nous avons fait et rédigé le présent procès-verbal que nous certifions sincère et véritable, et que le requérant a signé avec nous, après lecture.

A le

(*Les signatures.*)

Lorsqu'il s'agit de plusieurs pièces, la constatation des résultats peut se faire ainsi :

Il résulte de ce levé que lesdites pièces ont les contenances, longueurs, largeurs, dimensions, bornes et configurations que nous allons indiquer, savoir :

La première, lieudit terroir reprise au Cadastre sous le n° de la section etc., etc.

Compromis pour délimitation et bornage (1).

Les soussignés propriétaires du canton de terres labourables (ou de prés) appelé situé sur le territoire de la commune de , voulant maintenir la bonne intelligence qui règne entre eux et prévenir le différend qui pourrait naître relativement aux contenances de leurs propriétés respectives, et faire procéder amiablement à la délimitation et au bornage de ces propriétés, sont convenus de ce qui suit :

M. H..., géomètre à D..., est chargé de l'arpentage et de l'abornement dudit canton. Il commencera son opération le..., à... heures du..., et la continuera sans interruption jusqu'à son entier achèvement. Les soussignés se trouveront sur les lieux au jour et à l'heure indiqués pour y faire leurs observations et produire leurs titres de propriété.

Le géomètre, au vu des titres et d'après les renseignements par lui pris, fera à chacun des propriétaires la part à laquelle il aura droit. Il dressera le plan du canton, rédigera procès-verbal de son opération et déposera le tout au greffe de la justice de paix du canton de D..., pour que les intéressés puissent y recourir au besoin.

Enfin, ledit sieur H... est nommé, par les soussignés, seul arbitre, avec pouvoir de juger en dernier ressort et sans appel, comme amiable compositeur, et sans s'astreindre aux formes et délais de la procédure.

Fait en autant d'originaux qu'il y a de parties intéressées, sous leurs signatures privées.

A D..., le..,

Conventions entre plusieurs particuliers pour la délimitation de leurs propriétés à frais communs.

Nous soussignés

Voulant prévenir toute difficulté de contiguïté entre nous, relativement aux héritages en nature de terres labourables, vignes et prés que nous possédons au terroir de , lieudit , repris au cadastre sous les n^os^ de la section , sommes convenus de ce qui suit, savoir :

(1) *Journal des Géomètres*, 7e année, 1861, page 200.

1° Il sera, dans le délai d'un mois, à partir d'aujourd'hui, procédé, en présence des parties intéressées, à l'arpentage desdits héritages, et ensuite à la plantation des bornes pour en fixer la délimitation, par M. géomètre à , que nous nommons et choisissons à cet effet, et à qui nous prenons tous l'engagement de remettre, dans la huitaine, nos titres respectifs de propriété utiles à cet arpentage, pour y avoir tel égard que de droit.

Ledit sieur dressera de son opération un procès-verbal avec plan, qui resteront déposés au nombre des minutes recueillies dans son cabinet.

Nous nous obligeons de payer chacun individuellement notre portion de frais de ladite opération, dans la proportion de l'étendue de notre terrain.

Fait en autant d'originaux qu'il y a de parties intéressées.

A le

Nominations d'arbitres pour un bornage et procès-verbal d'arbitrage.

PREMIÈRE FORMULE (1).

Les soussignés :

M. Jean-Louis Baclet, cultivateur, demeurant à Terny-Sorny,

D'une part,

Et M. Nicolas Lécuyer, cultivateur, demeurant au même lieu,

D'autre part,

Exposent qu'ils sont propriétaires, chacun séparément, au lieudit le Courtil-Montier, terroir de Terny, de diverses pièces de terre contiguës, et dont l'étendue et les limites actuelles sont sur le point de faire surgir entre eux des contestations qui ne peuvent être réglées et effacées avantageusement et économiquement que par la voie de l'arbitrage ;

Que les titres qui constatent la propriété de chaque pièce, renferment des énonciations de contenances qui ne

(1) *Journal des Géomètres*, 11e année, 1858, pages 291 et suivantes.

sont pas semblables, titres dont l'application et l'appréciation ont besoin d'être soumises à la connaissance et au jugement des personnes habituées aux opérations d'arpentage et de délimitations de terrains ;

Qu'il est urgent, dans l'intérêt de chacun, de fixer d'une manière invariable les limites des propriétés respectives des parties, et qu'un bornage régulier peut seul atteindre ce but ;

Pourquoi ils ont arrêté irrévocablement ce qui suit :

ART. 1er.

Les soussignés choisissent pour arbitres M. Bourcier, géomètre à Vic-sur-Aisne, et M. Druy, géomètre à Ambleny, à l'effet de les régler sur les contestations et prétentions qui les divisent relativement à la propriété, possession et jouissance des quinze pièces de terre qui leur appartiennent au lieu sus indiqué ; en conséquence, il sera, autant que possible, procédé au mesurage, à la délimitation et au bornage des pièces de terre dont il s'agit, à l'effet de quoi les titres et renseignements des parties seront remis aux arbitres dans la huitaine de ce jour.

ART 2.

Tous pouvoirs sont conférés aux arbitres pour apprécier la valeur des énonciations des titres, en faire l'application, déterminer la contenance de chaque pièce, en fixer les limites par des bornes, rechercher les déficit de mesure et régler les parties en leurs prétentions et contestations sur toutes choses relatives auxdites opérations, aux anticipations et aux dommages qui peuvent exister.

ART. 3.

Les arbitres décideront sur le tout d'une manière définitive et en dernier ressort, comme amiables compositeurs, sans être astreints à suivre les règles du droit, les parties renonçant à se pourvoir par appel, requête civile et recours en cassation. En cas de désaccord entre eux, ils s'adjoindront M. Dorchy, géomètre à Soissons, choisi comme tiers-arbitre.

ART. 4.

Les arbitres sont autorisés à procéder à toutes leurs opérations en absence comme en présence des parties, qui s'engagent à se réunir devant eux pour entendre la prononciation et la lecture de leur sentence, laquelle sera déposée au greffe du tribunal de première instance dans le délai prescrit par la loi, à moins qu'alors les parties, par de nouvelles conventions, ne les dispensent de cette formalité par la conversion de la sentence en un acte entre elles.

Ils devront accomplir leur mission dans le délai de trois mois, à partir d'aujourd'hui, et règleront les dépens à supporter par chacune des parties au moment de la clôture de leurs opérations.

ART. 5.

Faute par l'une ou par l'autre des parties de produire ses titres et renseignements, les arbitres pourront passer outre, et feront à chaque pièce les attributions de contenance qu'ils jugeront convenables, sans qu'il soit besoin d'aucune mise en demeure préalable.

Fait et passé en double original.

A Vic-sur-Aisne, l'an 1858, le 20 septembre.

Et ont, les contractants, approuvé et signé après lecture.

NOTA. Quand les parties se présentent devant les arbitres sans compromis antérieur, les arbitres dressent un procès-verbal qui en tient lieu, mais il faut mentionner exactement les clauses de cet acte. La formule suivante suffit pour indiquer comment on peut faire.

L'an 1858, le 20 septembre,

Par-devant nous, Jean-Baptiste Bourcier, géomètre en résidence à Vic-sur-Aisne, et Auguste-Louis-Benjamin Druy, géomètre, en résidence au bourg d'Ambleny, soussignés,

Se sont présentés :

M. Jean-Louis Baclet, cultivateur, demeurant à Terny-orny,

D'une part,

Et M. Nicolas Lécuyer, cultivateur, demeurant au même lieu,

D'autre part,

Lesquels nous ont exposé, etc.

(Les motifs comme ci-dessus.)

Pourquoi ils ont, par ces présentes, arrêté :

1° Qu'ils nous choisissent comme arbitres à l'effet de les régler sur les contestations et prétentions qui les divisent, etc., etc. ;

2° Qu'ils entendent nous conférer et nous confèrent ici tous les pouvoirs nécessaires pour apprécier, etc. ;

3° Que nous déciderons sur le tout, etc ;

4° Qu'ils nous autorisent, etc. ;

5° Et que faute par l'une ou l'autre des parties, etc.

De tout quoi nous avons donné acte aux parties, après avoir accepté les pouvoirs qui nous sont par elles conférés, et de suite nous nous sommes constitués en tribunal arbitral à l'effet de les régler et de prononcer sur les opérations dont il s'agit et sur les contestations qui pourront surgir dans le cours de leur exécution.

Et, afin que les parties puissent nous présenter les dires et observations qu'elles peuvent avoir à faire à l'appui de leurs prétentions, nous avons fixé l'ouverture de nos opérations au jeudi 23 septembre courant, neuf heures du matin, sur les lieux contentieux, où elles seront tenues de s'expliquer avant la clôture desdites opérations.

Et ont, les comparants, signé avec nous, après lecture.

(Signatures des parties et des arbitres).

Procès-verbal d'Arbitrage.

Et le jeudi 23 septembre 1858, neuf heures du matin,

En vertu du compromis qui précède, intervenu entre MM. Baclet et Lécuyer, les arbitres soussignés se sont rendus au lieudit le Courtil-Montier, terroir de Terny, et ont, en présence et sur l'indication des parties, procédé au mesurage de leurs propriétés respectives dans les limites et la possession qu'elles ont indiquées. Ce travail exécuté, les arbitres auxquels les parties ont remis leurs titres et renseignements se sont retirés pour se livrer aux calculs nécessaires afin de connaître la superficie de chaque pièce. Ils se sont ajournés à lundi prochain, 27 du courant, dix heures du matin, sur les lieux contentieux pour procéder à la fixation des limites et autres travaux accessoires,

Et ont signé, après lecture.

(Signatures des arbitres).

Et, le lundi 27 septembre 1856,

Les arbitres soussignés ont repris la suite des opérations par eux commencées d'après le procès-verbal qui précède, et ont entendu les parties intéressées.

Après avoir obtenu par les calculs l'étendue de chaque pièce, ils ont examiné et appliqué les titres de propriété y relatifs. Il résulte du rapprochement des quantités que plusieurs pièces ont des excédants et les autres des déficit; mais sur la masse totale il y a un excédant de 2 ares 40 centiares.

Eu égard à la situation des lieux, les arbitres ont pensé que cet excédant ne devait pas être réparti proportionnellement, et qu'il devait rester aux pièces qui le possèdent après avoir livré aux pièces qui ont des déficit, la quantité qui leur est due d'après les titres adoptés par les arbitres. La différence d'origine de la propriété des parties a déterminé ceux-ci à préférer ce mode d'exécution.

Afin d'assigner à chaque pièce la contenance qui lui est dévolue, les arbitres soussignés ont exercé les reprises et fait les changements nécessaires pour asseoir les limites qui en résultent. Ensuite ils ont fixé ces limites d'une manière invariable par des bornes qu'ils ont plantées à leurs extrémités, ainsi d'ailleurs que le tout est constaté par le plan des lieux ci-annexé.

Au moyen de ce travail et du plan dont il s'agit, les pièces bornées contiennent définitivement et contiendront à l'avenir, savoir :

Le nº 1 à M. Baclet....	1 h.	10 a.	50 c.
Le nº 2 à M. Lécuyer...	1	20	50
Le nº 3 au même......		48	25
Le nº 4 à M. Baclet....		58	50
Le nº 5, etc., etc......			
Contenance générale.	12 h.	40 a.	60 c.

Par le fait des présentes, les pièces d'héritages ci-devant désignées sont et demeurent limitées définitivement et invariablement entre MM. Baclet et Lécuyer ; en conséquence, les arbitres leur font défense de jamais élever aucune contestation par la suite et de se troubler réciproquement dans les jouissances des propriétés dont il s'agit ; autorisent chacune des parties à se mettre en possession des terrains restitués selon les limites déterinées par le bornage, et déclarent qu'il n'y a lieu à ommages ni intérêts.

Statuant sur les frais et dépens, les arbitres les ont axés et liquidés à la somme de , et ordonnent u'ils seront supportés, savoir : 2/5 par M. Baclet, et 3/5 ar M. Lécuyer.

Ce qui sera exécuté ponctuellement par les parties.

Ainsi fait et prononcé aux parties sur les lieux contenieux, les jour, mois et an susdits.

(*Signatures des arbitres*).

Et, au même instant, MM. Baclet et Lécuyer, assistés es arbitres ci-devant nommés ont déclaré dispenser eux-ci du dépôt de la sentence qui précède, au greffe du ribunal, en convertir le contenu en un acte sous-seing rivé pur et simple entre eux, et éviter les formalités udit dépôt et les frais qui en dérivent ; pourquoi ils ont échargé les arbitres de leur mission et des pièces qui eur avaient été confiées.

En conséquence, le tout a été fait double à Vic-sur-Aisne, lesdits jour et an.

Et ont, les parties, signé avec les arbitres après lecture.

(*Signatures des parties et des arbitres*).

AUTRE FORMULE (1)

L'an

Pardevant nous, R..., géomètre à

sont comparus les sieurs

Lesquels nous ont exposé qu'ils désiraient, afin de maintenir la bonne intelligence qui existe entre eux, qu'il fût procédé à l'arpentage et au bornage des immeubles dont la désignation suit :

(*Ici la désignation.*)

En conséquence, lesdits sieurs A....., B......, C....., D..... nous ont, par ces présentes, nommé seul et unique arbitre, pour procéder à ce bornage en qualité d'amiable compositeur, sans être astreint à suivre les règles du droit.

Ils nous donnent pouvoir de juger sur chaque point des contestations qui pourraient s'élever au sujet de

(1) *Journal des géomètres*, 8e année 1855, p. 126 et suiv., 14 et suiv.

cette opération, en premier ressort seulement ou bien en premier ou dernier ressort, définitivement, irrévocablement ; pourquoi ils renoncent à se pourvoir contre notre jugement, par appel, requête civile et recours en cassation.

Les parties nous autorisent à fixer les limites de leurs propriétés, immédiatement après notre visite des lieux ; par conséquent, dans le cas où elles auraient quelques observations à faire à cet égard, elles seront tenues de s'expliquer sur les lieux contentieux, avant la clôture de nos opérations.

Et ont les parties comparantes signé, après lecture faite.

(*Les signatures*)

Nous arbitre soussigné, ayant accepté la mission à nous proposée, en avons donné acte aux parties, et nous sommes transporté de suite à l'endroit où les propriétés à borner sont situées, à l'effet de procéder aux opérations ci-dessus requises.

(*Signature*).

Procès-verbal qui peut être joint au compromis.

Et, ledit jour, à heure

En vertu du compromis ci-dessus souscrit par les sieurs , il a été, en leur présence, par nous, arbitre soussigné, procédé au bornage des pièces de terre désignées dans ce compromis.

N'ayant pu, d'après notre visite des lieux, reconnaître l'emplacement des anciennes bornes, ni les limites apparentes, nous avons pensé, dans cette circonstance, qu'il était de toute justice d'en placer de nouvelles, de manière que chaque division soit proportionnelle aux contenances des parcelles.

En conséquence, nous avons procédé immédiatement au levé du plan général des propriétés à borner, et, après avoir vaqué à ce que dessus depuis heure jusqu'à heure, cette opération se trouvant terminée, nous nous sommes ajourné le , à heure, pour la continuation de nos autres opérations, et avons signé.

(*Signature*).

Continuation du procès-verbal.

Et le , à heure de

Nous, arbitre soussigné, en présence desdits sieurs A..., B..., C..., D..., *ou bien si une des parties n'était pas présente*, et en l'absence du sieur , avons repris les opérations commencées par le procès-verbal des autres parts.

De l'ensemble de notre arpentage et de nos calculs, il est résulté :

1° Que la masse des propriétés à borner contenait ares au lieu de ares, que s'élève la récapitulation des titres de propriétés.

2° Que la première partie CJHI (1), appartenant au sieur A..., devait contenir ares au lieu de ares que porte son titre de propriété, et que les largeurs des côtés DJ et HI étaient, la première de déca-mètres, la seconde de décamètres ;

3° Que la seconde partie JHLM, appartenant au sieur B..., devait contenir etc., etc. ;

4° Que la troisième partie etc., etc. ;

5° Enfin, que la quatrième et dernière partie, etc.

En conséquence, à tous les points de division D, J, E, F, ci-dessus désignés, nous avons fait planter des bornes et déclaré aux parties que ces points étaient les limites de leurs propriétés respectives, que nous avons arrêtées irrévocablement en premier ressort, *ou bien*, en premier et dernier ressort, et, quant aux frais, ils seront, conformément à l'art. 646 du code civil, payés en commun.

Nous leur avons, de plus, déclaré que la minute de cet acte, ainsi que celle du plan général des lieux, seraient par nous déposés au greffe du tribunal de première instance de , dans le délai prescrit par l'art. 1020 du code de procédure civile, pour être rendues exécutoires par M. le président du tribunal.

Il a été vaqué à ce que dessus, depuis heure jusqu'à heure ; ce fait, nos opérations se trouvant terminées, avons clos, arrêté et signé le présent procès-verbal. (*Signature*).

N. B. *Les plans annexés aux procès-verbaux d'arbitres doivent être expédiés sur papier timbré et signés d'eux.*

(1) Ces dimensions sont supposées prises dans le plan général de la masse.

Acquiescement au mesurage, règlement, bornage des propriétés comprises dans un certain périmètre (1).

Première formule.

Ce jourd'hui, 8 septembre 1855;

Les soussignés : MM Charles Byron et Louis Monge, tous deux cultivateurs demeurant à Vic-sur-Aisne,

Après avoir pris lecture et communication du compromis passé entre MM. Pierre Barra et Paul Milon, propriétaires à Ressons, le 25 août dernier, d'après lequel ils sont convenus de faire procéder par M. Bourcier géomètre à Vic-sur-Aisne, aux mesurage, règlement et bornage des propriétés leur appartenant au terroir de Ressons, comprises dans la section des glacis, et contiguës en partie à celles des soussignés,

Déclarent formellement, par ces présentes, acquiescer aux opérations dont il s'agit, et s'obliger à fournir au géomètre les titres et renseignements propres à justifier la contenance qui doit leur appartenir, consentant à contribuer dans les frais de l'opération selon la proportion qui sera déterminée ultérieurement et conformément à la loi.

Vic-sur-Aisne, lesdits jour et an.

Autre formule.

Ce jourd'hui, 8 septembre 1855,

Les soussignés : M. Charles Byron, propriétaire ; M. Auguste Coulon, cultivateur, et M. Joseph Bertaux, charron, tous demeurant à Ressons,

Après avoir pris lecture et connaissance des opérations d'arpentage, délimitation et bornage exécutées par M. Bourcier, géomètre à Vic-sur-Aisne, le 25 août dernier, à la requête de MM. Pierre Barra et Paul Milon, cultivateurs à Ressons, de diverses propriétés au terroir de ce lieu, comprises dans la section des glacis, et contiguës à celles des soussignés,

Ont, par ces présentes, déclaré acquiescer auxdites opérations, les approuver dans tout leur contenu, et consentir à ce qu'elles reçoivent à leur égard leur pleine et entière exécution comme s'ils y avaient concouru au moment où elles ont eu lieu.

Fait à Vic-sur-Aisne, lesdits jour, mois et an.

(1) *Journal des Géomètres* 8e année 1855, p. 262 et 263.

Rapport d'experts sur une action possessoire (1).

Les soussignés :

Jean-Marie Maroteaux, géomètre, en résidence à Ambleny,

Et Jean-Baptiste Bourcier, géomètre, en résidence à Vic-sur Aisne,

Tous deux experts désignés amiablement pour les opérations de mesurage et bornage en l'instance pendante devant M. le juge de paix du canton de Vic-sur-Aisne, entre :

Demoiselle Louise Leroy, célibataire, propriétaire, demeurant à Laversine, demanderesse, d'une part ;

Et sieur Achille Dorlé, menuisier, demeurant au même lieu, défendeur, d'autre part ;

Ont, par ces présentes, constaté les opérations résultant de l'accomplissement de leur mission ; mais préalablement ils ont exposé les faits ci-après :

FAITS ET ACTES.

La demoiselle Leroy est propriétaire d'une maison et jardin sis à Laversine, devant contenir, d'après ses titres, une superficie de 10 ares 30 centiares ; son terrain tient d'un côté, vers occident, au sieur Dorlé, et par hache rentrante au même.

Le sieur Dorlé est propriétaire, au même lieu, d'une maison avec jardin devant contenir 13 ares 23 centiares, indépendamment d'une autre partie de terrain qui occasionne la hache de la demoiselle Leroy, et qui doit contenir, selon son titre, 3 ares 04 centiares.

Par exploit de Painart, huissier à Vic-sur-Aisne, du 11 octobre 1847, la demoiselle Leroy a fait citer le sieur Dorlé devant M. le juge de paix du canton de Vic-sur-Aisne, pour ouïre dire et ordonner :

Que par experts du choix des parties, sinon nommés d'office, il serait procédé à l'arpentage des propriétés susdésignées ;

Que, sur la représentation des titres des parties, il serait fourni à chacune d'elles la contenance y énoncée ;

Qu'en cas d'excédant ou de déficit des provenances, il

(1) *Journal des Géomètres*, 9e année 1856, p. 53 et suiv.

profiterait aux parties ou serait supporté par elles proportionnellement ;

Qu'à défaut par Dorlé de représenter ses titres, les mesures et quantités énoncées en ceux de la demoiselle Leroy lui seraient fournies ;

Enfin, que les experts dresseraient et déposeraient le rapport de leurs opérations, pour qu'il fût statué tel que de droit.

A l'audience du mercredi 15 octobre, les experts susnommés ont été désignés, et M. le juge de paix, afin de statuer en connaissance de cause, a ordonné son transport sur les lieux pour le 29 du même mois.

Sur les lieux, et par suite des observations présentées par les défenseurs dont les parties étaient assistés, ajournement a été pris pour procéder aux opérations de mesurage des propriétés en litige, et de celles y contiguës, en appelant les voisins amiablement et par simple invitation pour éviter les frais.

OPÉRATION.

Le 12 novembre, les géomètres sus-nommés se sont réunis sur les lieux, et ont procédé aux opérations d'arpentage convenues. Les voisins appelés ont représenté les titres propres à justifier l'étendue de leurs propriétés respectives.

Le 14 du même mois, les experts soussignés ont fait les calculs nécessaires pour connaître et fixer l'étendue de chaque pièce d'après les limites et la possession actuelle ; le 10 décembre courant, ils se sont réunis dans le cabinet de M. Maroteaux, l'un d'eux, et ont établi le plan des propriétées mesurées comme il suit :

(Plan inutile à rapporter ici).

De ces opérations, il résulte :

1° Que la propriété de la demoiselle Leroy contient 8 ares 50 centiares au lieu de 10 ares 80 centiares qu'il faut, d'après l'acquisition qu'en a faite Etienne Renault, laboureur à Laversine, de Joseph Cousin, laboureur au même lieu, et Jeanne Cartier, sa femme, devant Calais, notaire à Soissons, le 7 mars 1755,

Ce qui constitue un déficit de 1 are 80 centiares ;

2° Que la propriété du sieur Dorlé contient, au total, 17 ares 34 centiares, dont 14 ares 37 centiares pour la partie occidentale, et 2 ares 97 centiares pour celle orientale, constituant la hache rentrante de celle de la demoiselle Leroy.

La première partie, avec la maison a été acquise pour une contenance de 12 ares 88 centiares, de Nicolas Lachaux, manouvrier à Ambleny, et Augustine Dalprez, sa femme, aux termes d'un acte devant Me Marminia, notaire audit lieu, du 10 octobre 1804.

Mais cette portion doit contenir 13 ares 23 centiares, suivant l'article 4 du 6e lot échu à Marie Bazin, épouse d'Antoine Vallier, manouvrier à Saint-Baudry, par le partage des successions de Jacques Bazin, et Anne Laton, sa femme, passé devant Delettre, notaire à Cœuvres le 20 janvier 1677.

La seconde partie est reprise pour 3 ares 04 centiares, dans un contrat devant Me Vauvillé, notaire à Ambleny, du 20 décembre 1842, contenant vente au sieur Dorlé, par Restitue Marquet, veuve de Benoît Lanchart, maçon, décédé à Ambleny, elle y demeurant, et les six enfants héritiers de ce dernier, dans lequel acte on a relaté une donation entre vifs passée devant M. Marminia, notaire audit lieu, le 20 novembre 1806, — et un contrat passé devant le même notaire, le 30 mars 1809 ; ces deux titres constituant aussi la contenance des 3 ares 4 centiares susexprimée.

De sorte qu'il faut en total, au sieur Dorlé, 16 ares 27 centiares,

Ce qui constitue un excédant de 1 are 07 centiares ;

3° Que les pièces contiguës à celle du sieur Dorlé contiennent, savoir :

Celle de M. Quinet, 9 ares 98 centiares, au lieu de 20 ares 60 centiares qu'il faut, d'après un contrat devant Bou[illegible], notaire à Soissons, du 19 juin 1697,

Déficit, 10 ares 62 centiares ;

Celle du sieur Hubert Danion, 5 ares 40 centiares au lieu de 5 ares 57 centiares qu'il faut,

Déficit, 17 centiares ;

Et celle du sieur Ménin, 4 ares 68 centiares, au lieu de 5 ares 36 centiares qu'il faut,

Déficit, 68 centiares ;

Le tout, ainsi qu'il résulte des titres et renseignements qui ont été exhibés et produits sur les lieux.

4° Que la pièce du sieur Stanislas Colset, tenant d'un côté à la demoiselle Leroy, contient 3 ares 48 centiares au lieu de 3 ares 86 centiares qu'il faut, ce qui donne un déficit de 38 centiares, ainsi qu'il a été déclaré et reconnu.

CONCLUSION.

Dans l'état des choses, deux questions se présentent :

1° La demoiselle Leroy doit-elle profiter seule de l'excédant qui se rencontre dans la propriété du sieur Dorlé ?

2° Ou bien la demoiselle Leroy doit-elle participer dans l'excédant en proportion du déficit qu'elle éprouve avec celui des pièces contiguës à la propriété du sieur Dorlé ?

Les experts soussignés, après avoir exposé l'état des choses et établi leurs opérations, ont laissé la solution de ces questions à l'appréciation du magistrat appelé à prononcer, parce que, pour exercer une reprise quelconque sur la propriété du sieur Dorvillé, les experts, à défaut de consentement, ne peuvent le faire sans l'autorisation de la justice. Or, le sieur Dorlé avait exposé que, les limites de sa propriété avec la demoiselle Leroy étant telles depuis plus de 30 ans, sa propriété n'avait point subi d'augmentation au détriment de celle de la demoiselle Leroy

La demoiselle Leroy a prétendu, au contraire, qu'elle avait droit à l'excédant total, puisqu'elle est seule réclamante et seule en l'instance, que peu importe l'ancienneté des limites, dès qu'il y a dans son terrain un déficit, et dans celui contigu du sieur Dorlé un excédant.

Sans avoir égard à ces observations, les experts, désireux d'amener les parties intéressés à un arrangement quelconque, les ont invitées à se faire des concessions réciproques. Le sieur Dorlé, sans aucunement préjudicier à ses droits, a proposé à la demoiselle Leroy de lui restituer une superficie de 39 centiares le long de la limite de la hache tombant sur l'encoignure de la pièce du sieur Gervais Vallier, et de payer moitié de la masse des frais occasionnés par l'instance, le tout à titre de transaction seulement, et sans qu'il en puisse être tiré aucune conséquence.

La demoiselle Leroy a positivement refusé la proposition du sieur Dorlé. D'abord, elle a prétendu que la reprise du terrain devait être exercée le long de la limite qui la sépare d'avec la première partie de la propriété du sieur Dorlé, ensuite, et après quelques explications, elle a demandé la restitution le long de la ligne qui forme la hache et qui se dirige de l'orient à l'occident. Le sieur Dorlé n'ayant point accédé, elle a déclaré accepter la reprise des 30 centiares tels que venait de lui offrir le sieur Dorlé, mais à la condition qu'elle ne payerait aucuns des frais de l'instance.

Les parties n'ayant pu s'accorder, les experts ont, de tout ce que dessus, dressé le présent rapport par eux affirmé sincère et véritable, pour servir et valoir ce que de raison.

A Ambleny, lesdits mois, jour et an.

TARIF DES HONORAIRES DUS AUX GÉOMÈTRES

du département de Seine-et-Marne.

Dispositions générales.

Les géomètres-experts sont responsables de l'exactitude de leurs opérations.

Ces opérations s'éxécutent, soit à la vacation, soit à la parcelle, soit à l'hectare, selon leur nature, soit encore, quant aux estimations, par remises proportionnelles au montant de ces estimations.

Elles comprennent :

Le mesurage des propriétés, le levé et la construction des plans, la délimitation, l'abornement, l'application des titres de propriété nécessitée par cette dernière opération, par des partages et par la reconnaissance des droits de servitude et autres,

Les estimations, divisions et partages des propriétés foncières bâties ou non bâties,

Les expertises de toutes natures, tant amiables que judiciaires, se rattachant à la propriété foncière,

L'aménagement des bois et forêts,

Les états de lieux,

Et l'étude, la direction et la surveillance des travaux de drainage, d'irrigation, d'assèchement de marais, et de tous métrés de terrassements et de travaux d'art qui se rattachent à ces dernières opérations.

Les honoraires dus aux géomètres, pour les opérations sus désignées, se règlent, outre les transports, lorsqu'il y a lieu, par les prix dont la nomenclature suit :

Transports et vacations.

Art. 1er.

Les transports sont dus aux géomètres à raison de 0 fr. 35 par kilomètre parcouru, comptant, pour l'aller et pour le retour, jusqu'à la distance de deux myriamètres ; au-delà de cette distance, le prix de 0 fr. 45 sera appliqué conformément à l'article 160 du tarif civil (frais et dépens).

Il ne sera compté de transport (sauf dans le cas de déplacements extraordinaires, dans lequel cas un seul transport comprenant l'aller et le retour pourra être compté), que dans les opérations faites à la vacation.

Art. 2.

La vacation se compose de trois heures de travail, comptant du commencement des opérations ; elle est fixée à 6 fr., conformément à l'article 159 du tarif civil, Exceptionnellement il pourra être compté une demi vacation.

Art. 3.

Toutes les opérations autres que celles tarifées ci-après, s'exécutent à la vacation, ainsi que celles dont, par leur peu d'importance, l'application du tarif ne produirait pas la valeur de deux vacations.

Mesurages divers et plans.

Art. 4.

Les mesurages qui doivent simplement servir à régler les prix d'ouvrages des ouvriers agricoles tels que coupes de fourrages et moissons, se comptent 1° pour une opération dont la surface totale est supérieure à 10 hectares, 0 fr. 50 par hectare, plus 0 fr. 50 par pièce et 0 fr. 10 par coupon, parcelle ou enraiement.

Pour les opérations dont la surface totale est inférieure à 10 hectares, le géomètre aura la faculté de réclamer ses honoraires à la vacation.

2° Pour mesurage de plantes industrielles, dont chaque coupon n'atteindrait pas une contenance de 50 ares, il sera payé 0 fr. 75 par hectare, 0 fr. 75 par pièce et 0 fr. 10 par coupon. Pour ces sortes d'opérations, il sera fourni un plan visuel au simple trait ou un état indicatif des contenances.

Art. 5.

Les mesurages qui doivent servir à la constatation plus précise de la contenance des terrains d'un accès libre, avec tableau indicatif des contenances résultant de l'opération, ou avec plan purement linéaire, non coté ou coté, construit à une échelle non au-dessus de celle de 1 à 1000, se règlent en raison de l'importance des surfaces par les prix ci-après :

Numéros des séries.	DÉSIGNATION des séries.	MESURAGES DES TERRAINS					
		Sans plan avec tableau indicatif.		Avec plan géométrique, au simple trait, orienté.			
				non coté		coté	
		l'hectare.	la parcelle	l'hectare.	la parcelle	l'hectare.	la parcelle
		f. c.	f. c.	f. c.	f. c.	f. c	f. c.
1	Parcelles au-dessous de 11 ares.	3 00	0 50	3 75	0 70	4 00	0 75
2	Parcelles de 11 ares à 1 hectare.	2 60	0 70	3 50	1 00	3 75	1 25
3	Parcelles de 1 hectare jusqu'à 5 hectares.	2 30	1 00	3 25	1 75	3 50	2 00
4	Parcelles de 5 hectares et au-dessus.	2 00	2 00	3 00	3 00	3 25	3 25

Les déplacements, recherches, applications aux titres et plans, dépouillement cadastral, ou autres travaux accessoires indispensables qui précèdent ou suivent l'opération de mesurage, se comptent à la vacation en dehors des prix ci-dessus.

ART. 6.

Le mesurage des propriétés, constaté par un plan, en une ou plusieurs feuilles, complètement coté, avec dessin topographique de détails seulement, lavis et écritures soignés, indication des nouveaux tenants et aboutissants, tableau synoptique indicatif des contenances du mesurage, des titres ou des baux et de la matrice cadastrale, se règle par les prix suivants :

N°s d'ordre des séries.	DÉSIGNATION DES SÉRIES.	PRIX par hectare	PRIX par parcelle
1	Parcelles au-dessous de 11 ares.	4 f. 50	2 f. 00
2	» de 11 ares à 1 hectare. . . .	4 00	3 00
3	» de 1 hectare à 5 hectares. . .	3 75	4 50
4	» de 5 hectares et au-dessus. . .	3 50	7 00

Bornages.

ART. 7.

Le bornage avec application des titres ou règlement de mesure avec les voisins contigüs à la parcelle à borner, sans plan ni procès-verbal à l'appui, mais avec un simple état des contenances résultant de cette opération, se règle par les prix portés au tableau suivant :

Nos d'ordre des séries.	DÉSIGNATION des séries.	PRIX par hectare.	par parcelle.	par borne d'intérieur du canton à borner nouvelle.	ancienne.	par riverain extérieur du périmètre à borner pour approbation à l'opération, quelle que soit la forme du procès-verbal.	par chacun des propriétaires abornés pour signatures du procès-verbal.	par riverain pour
		f.	f.	f.	f.	f.	f.	f.
1	Parcelles au-dessus de 11 ares. . . .	12 00	2 00	1 00	0 50	2 00	1 00	0 5
2	Parcelles de 11 ares à 30 ares	10 00	3 00	1 00	0 50	2 00	1 00	0 5
3	Parcelles de 30 ares à 1 hectare. . . .	7 00	4 00	1 00	0 50	2 00	1 00	0 5
4	Parcelles de 1 hectare jusqu'à 5 hect.	6 00	6 00	1 00	0 50	2 00	1 00	0 5
5	Parcelles de 5 hectares et au-dessus.	5 00	8 00	1 00	0 50	2 00	1 00	0 5

ART. 8.

Le bornage très-complet, comprenant application de titres et du cadastre, procès-verbal contenant la désignation de chaque parcelle, l'énumération écrite des repère utiles au replacement des bornes, pour le cas où ell viendraient à disparaître, et le plan de développemen avec toutes les données indispensables à la détermination rigoureuse des surfaces, le tableau synoptique comparatif des contenances bornées à celles des titres, documents, plans ou mesurages anciens, et la signatur des propriétaires contigüs, se règle par les prix suivants

Numéros d'ordre de séries.	DÉSIGNATION des séries.	PRIX par hectare.	par parcelle.	par borne nouvelle.	par riverain pour convocation à l'opération
		f. c.	f. c.	f. c.	f. c.
1	Parcelles au-dessous de 11 ares.	8 00	1 00	1 00	0 50
2	Parcelles de 11 ares à 30 ares.	6 00	2 00	1 00	0 50
3	Parcelles de 30 ares à 1 hectare	5 00	3 00	1 00	0 50
4	Parcelles de 1 hectare jusqu'à 5 hectares.	4 00	3 75	1 00	0 50
5	Parcelles au-dessus de 5 hectares.	3 50	4 50	1 00	0 50

Le plan d'assemblage, s'il en était produit, sera payé en sus des prix ci-dessus indiqués, conformément aux détails de l'article 11 ci-après.

Les plans destinés à être annexés à un acte notarié, contenant acquiescement au bornage par des personnes ne sachant signer, l'assistance du géomètre aux visites judiciaires des lieux, audiences, etc., seront aussi payés séparément et à la vacation.

Quoique, d'après l'article 646 du Code civil, le bornage doive se faire à frais communs, tous les frais et honoraires résultant de cette opération n'en seront pas moins payés au géomètre par le propriétaire requérant, sauf à lui réclamer, si bon lui semble, à ses voisins, ce qui pourra lui être dû pour leur quote-part dans les frais dudit bornage : dans ce cas et pour faciliter ce recouvrement, tous renseignements devront être fournis, sans frais, au propriétaire requérant.

ART. 9.

Les bornages judiciaires qui pourraient surgir au cours des opérations, seront payes en dehors, à la vacation et en sus des prix fixés ci-dessus.

Bornage général.

ART. 10.

L'opération comprenant bornage général de un ou plusieurs cantons ou climats du territoire d'une commune, constaté par un procès-verbal et par un plan uniques, signés de toutes les parties, le procès-verbal contenant, par canton, la désignation de chaque parcelle, l'indication du propriétaire, celle des tenants et aboutissants et le plan dressé à une échelle convenable, coté dans toutes ses parties, sera payée ainsi qu'il est indiqué aux séries du tableau ci-après.

Les prix comprennent un extrait avec un plan coté à remettre à chaque ayant-droit pour ce qui le concerne, mais ils seront augmentés de deux francs par signature lorsque cet extrait sera remplacé par un double signé par les voisins contigüs aux parcelles pour lesquelles ce double aura été délivré.

Lesdits prix ne sont applicables qu'à toute opération d'ensemble comprenant au moins dix parcelles.

Prix applicables à une opération comprenant bornage général.

Numéros d'ordre des séries.	DÉSIGNATION des séries.	PRIX					
		par hectare.	par parcelle.	par chaque borne du périmètre.		par chaque signataire au procès-verbal, quel que soit le mode d'approbation de l'opération.	par riverain pour convocation à l'opération.
				an-cienne	nou-velle.		
		f.	f.	c.	f. c.	f.	c.
1	Parcelles au-dessous de 11 ares	15 00	3 00	0 50	1 00	2 00	0 50
2	Parcelles de 11 ares à 30 ares.	12 00	4 00	0 50	1 00	2 00	0 50
3	Parcelles de 30 ares à 1 hectare. . . .	9 00	5 50	0 50	1 00	2 00	0 50
4	Parcelles de 1 hectare à 5 hectares. .	7 00	7 00	0 50	1 50	2 00	0 50
5	Parcelles au-dessus de 5 hectares. . .	6 00	10 00	0 50	1 50	2 00	0 50

Les prix portés en la colonne 7 du présent tableau, ainsi que les déboursés, seront toujours payés par tous les propriétaires composant le canton, climat ou territoire, au prorata de leurs contenances abornées.

Les plans d'assemblage seront payés en sus, conformément à ce qui est dit à l'article 11 ci-après.

Plans d'assemblage.

Art. 11.

Tout plan d'assemblage dessiné avec soin, construit à une échelle au moins égale à celle de 1 à 5000, sur lequel plan sont rapportés les numéros d'ordre du détail des parcelles, les lieux-dits principaux, ainsi que les noms des routes, chemins, cours d'eau et ceux des territoires contigus, etc., indépendamment des prix des travaux qui l'auront précédés, sera payé, savoir : 1 fr. par hectare et 1 fr. par parcelle. Cependant, lorsque le travail atteindra une certaine importance et comprendra plus de 100 hectares et 100 parcelles, il sera fait une réduction graduelle de 0 20 c. par hectare et par parcelle, à chaque centaine d'hectares et centaines de parcelles, sans toutefois que le minimum puisse être moindre que la moitié des prix, c'est-à-dire 0 fr. 50 par hectare et 0 fr. 50 par parcelle.

Toute construction et dessin de plans à des échelles plus petites que celle rappelée, donneront lieu à une réduction de 2/3 des prix compris au présent article. Particulièrement et pour les plans au 1/10,000, les prix qui précèdent seront réduits de moitié ; lesdits prix sont applicables seulement à des travaux faits à l'aide des documents du cadastre ; les débours faits pour les obtenir seront à la charge des clients.

Lorsqu'il s'agira d'une carte topographique ou d'un plan d'assemblage de bâtiments, parc ou jardin d'agrément, ce travail sera payé à la vacation.

Plans d'Alignement.

Art. 12.

Les plans d'alignement dressés à l'échelle de 0m002 pour mètre, fournis en double expédition, avec tableau d'assemblage et état indicatif des propriétaires contigus aux voies comprises aux dits plans et des contenances à aliéner et à acquérir par les communes, par suite de redressements, seront payés à raison de 0 f. 20 le mètre linéaire pour les villages et 0 fr. 30 pour les villes, et en plus 1 fr. par partie ou parcelle de terrain à acquérir ou à aliéner par les communes.

Les mêmes plans rapportés à une échelle de 0m005 pour mètre, donneront lieu à une augmentation de un tiers sur lesdits prix.

Bornage des chemins, ruelles et sentiers.

Art. 13.

Il sera alloué, pour ce bornage : 1° S'il est fait dans la possession, sans plan ni procès-verbal, 1 franc par borne.

2° S'il est régulier, c'est-à-dire appuyé d'un plan parcellaire en double expédition, à l'échelle de 0m001 ou 0m002 pour mètre, d'un plan d'ensemble et d'un procès-verbal signé des voisins, 0 fr. 05 par mètre linéaire mesuré sur l'axe des chemins, 1 fr. par borne et 2 fr. par signataire au procès-verbal, et, en outre, lorsqu'il y aura vente de parties de chemins aux voisins, 1 fr. par chaque parcelle vendue, non compris le procès-verbal d'expertise, qui sera payé à la vacation.

Mesurages des bois.

ART. 14.

Ces opérations, desquelles un simple état des contenances avec désignation succincte sera remis, se règleront par les prix suivants :

Pour les parcelles au-dessous de 2 hectares, 4 fr. par hectare et 2 fr. par parcelle ou à la vacation en cas d'opération de très-peu d'importance ;

Pour celles au-dessus de 2 hectares jusqu'à cinq hectares, 3 fr. par hectare et 3 fr. par parcelle.

Et pour toutes parcelles d'une surface au-dessus de 5 hectares, 2 fr. par hectare et 3 fr. par parcelle,

Tous frais et débours occasionnés par l'ouverture de filets ou layons de passage, indispensables à la bonne exécution de l'opération, seront payés en sus des prix ci-dessus.

Pour le tracé de la ligne d'ouverture de ces filets ou layons, il est alloué au géomètre 0 fr. 02 par mètre linéaire.

S'il était fourni un plan coté de l'opération, ce plan donnerait lieu à une augmentation de 1/4 sur les prix sus-fixés.

Détachements de coupes de bois.

ART. 15.

Pour le détachement de coupes de bois isolées, il sera payé, plan de l'opération compris :

Pour une surface au-dessous de 2 hectares, 8 fr. par hectare et 2 fr. par lot ;

Pour une surface de 2 hectares à 5 hectares, 5 fr. par hectares et 2 fr. 50 par lot ;

Et pour une surface au-dessus de 5 hectares, 3 fr. par hectare et 3 fr. par coupon ou lot ;

Pour l'ouverture de filets ou layons, lorsqu'il y aura lieu, fr. 02 par mètre linéaire et 0 fr. 03 pour ouverture de routes ou sentiers.

Aménagement des bois et forêts.

ART. 16.

Première partie de l'opération, comprenant mesurage de la propriété à aménager et construction du plan de masse, calculs de la surface et du mode le plus convenable pour la division.

Pour cette première partie de l'opération, il sera payé :

Pour une surface au-dessous de 50 hectares, 4 fr. par hectare ;

Pour une surface de 50 hectares à 100 hectares, 3 fr. par hectare

Et pour une surface au-dessus de 100 hectares, 2 fr. 50 aussi par hectare.

Auxquels prix il sera ajouté 0 fr. 02 par mètre linéaire d'ouverture de filets ou layons, et 03 par mètre linéaire pour ouverture de routes ou sentiers.

Deuxième partie de l'opération, comprenant la division en coupes réglées et son application sur le terrain :

Cette dernière partie de l'opération sera payée pour chaque lot de division au-dessous de 50 ares, 5 fr. par hectare et 1 fr. 50 par lot.

De 50 ares à 1 hectare, 3 fr. 50 par hectare et 3 fr. par lot ;

Au-dessus de 1 hectare jusqu'à 2 hectares, 3 fr. par hectare et 4 fr. par lot ;

Au-dessus de 2 hectares jusqu'à 5 hectares, 2 fr 50 par hectare et 5 fr. par lot ;

Et au-dessus de 5 hectares, 1 fr. 50 par hectare et 6 fr. par lot.

Division des propriétés.

ART. 17.

Les opérations de division des propriétés faisant l'objet du présent article, seront réglées par les prix suivants :

Terrains découverts.

Pour chaque lot de division au-dessous de 50 ares, 4 fr. par hectare et 1 fr. par lot ;

De 50 ares à 1 hectare, 3 fr. par hectare et 2 fr. par lot;

Au-dessus de 1 hectare, jusqu'à 2 hectares, 2 fr. 50 par hectare et 3 fr. par lot;

Au-dessus de 2 hectares, jusqu'à 5 hectares, 2 fr. par hectare et 4 fr. par lot;

Au-dessus de 5 hectares, 1 fr. par hectare et 5 fr. par lot.

Les prix sus fixés comprennent l'application de la division sur le terrain et la fixation des points par de simples piquets ou jalons, mais ne sont applicables qu'aux opérations de division proprement dites et ne comprennent pas, par conséquent, le mesurage indispensable aux dites opérations. Ce mesurage, lorsqu'il sera fait, sera compté ainsi qu'il est indiqué à l'article 5, s'il s'agit de terrains découverts, et l'article 14 s'il s'agit de terrains boisés.

S'il était fourni un plan coté de l'opération, ce plan donnerait lieu à une augmentation de 1/4 sur les prix rapportés au présent article.

De même, si le bornage des lignes de division était demandé, cette dernière opération serait réglée par le prix de 1 fr. par borne, toujours en sus des prix sus fixés.

Drainages.

ART. 18.

Les honoraires pour opérations de drainage seront portés, pour les études, devis, plans, y compris ceux à remettre au propriétaire, à 6 p. % du montant de la dépense générale des travaux et fournitures, et 4 p. % de cette dépense générale, pour la direction, la surveillance des travaux et le règlement de tous comptes, soit pour le tout 10 p. %. Pour une opération dont la dépense ne s'élèverait pas à 2000 francs, les honoraires seront payés à la vacation. Seront payés à la vacation, en sus des prix ci-dessus, les plans, dépouillements cadastraux et démarches à faire pour les emprunts qui seront faits au crédit foncier.

Estimations.

Art. 19.

Les estimations d'immeubles ruraux et de propriétés bâties, lorsque ces opérations ont seulement pour but d'arriver à la connaissance de la valeur des propriétés et ne comprennent, par conséquent, qu'un état récapitulatif des contenances des parcelles avec application des numéros du cadastre, l'indication des nouveaux tenants et aboutissants et de l'estimation de chaque parcelle ou lot, se règlent par les prix suivants :

Pour une opération dont le montant de la valeur totale est inférieur à 10.000 francs, 5 fr. pour mille et 0 fr. 50 par parcelle ou corps d'immeuble distinct ;

De 10,000 fr. à 20,000 fr., 4 pour mille et 0 fr. 75 par parcelle ;

De 20.000 fr. jusqu'à 50,000 fr., 2 fr. 50 pour mille et 1 fr. par parcelle ;

Au-dessus de 50,000 fr. jusqu'à 100,000 fr. 2 fr. pour mille et 1 fr. 50 par parcelle ;

Au-dessus de 100,000 fr. jusqu'à 200,000 fr., 1 fr. 75 pour mille et 1 fr. 75 par parcelle ;

Enfin, au-dessus de 200,000 fr., 1 fr. 50 pour mille et 2 fr. par numéro.

Les estimations de futaies se règlent à raison de 2 fr. pour % pour des valeurs totales jusqu'à 5,000 fr., de 5,000 fr., à 10,000 fr., 1 fr. 75 p. % ; de 10,000 fr. 20,000 fr., 1 fr. 50 p. %, et au-dessus de 20,000 fr., 1 fr. %, étant observé que la dimunution est graduelle ainsi qu'il est expliqué à l'article 11.

Les estimations des taillis sous futaie se règlent à raison de la valeur desdits taillis, savoir : les 50 premiers mille francs à 1 p. %, et pour toutes sommes dépassant ce chiffre de 50,000 fr. à 0 fr. 50 %.

Partages amiables et composition des lots.

Art. 20.

La première partie de ces travaux comprenant la reconnaissance des propriétés, leur évalution, l'application des titres et du cadastre, la reconnaissance des nouveaux tenants et aboutissants et la formation de la masse des propriétés à partager, se paie, savoir :

Pour les valeurs inférieures, dans leur ensemble, à 10,000 fr., à la vacation ;

Et pour toutes les autres, d'après leur importance, aux prix suivants :

De 10,000 fr. à 20,000 fr., 5 pour mille et 1 fr. par chaque numéro ; au-dessus de 20,000 fr. jusqu'à 50,000 fr., 4 pour mille et 1 fr. 25 par chaque parcelle ;

Au-dessus de 50,000 fr. jusqu'à 100,000 fr. 3 pour mille et 1 fr. 50 par parcelle ;

Au-dessus de 100,000 fr. jusqu'à 200,000 fr., 2 fr. 50 pour mille et 1 fr. 75 par parcelle ou numéro distinct ;

Et au-dessus de 200,000 fr., 1 fr. 75 pour mille et 2 fr. par parcelle.

Ces prix ne s'appliquent qu'à la valeur foncière des propriétés devant entrer en partage. Il sera alloué, pour la valeur de la superficie qui, elle aussi, serait comprise dans cette opération, les prix portés aux deux derniers alinéas de l'article 19 qui précède.

La seconde partie de l'opération, qui comprend le lotissement en un certain nombre de parties, se règle :

Pour les valeurs au-dessous de 10.000 fr., à la vacation ;

Et pour toutes les autres, à raison, par chaque lot, de 10 p. % du montant des honoraires dus pour la première partie.

Etats de lieux.

ART. 21.

Les états de lieux et désignations de propriétés bâties ou non bâties sont rétribués à la vacation.

Extraits.

ART. 22.

Les extraits de mesurages, de procès-verbaux de bornage, de rapports d'experts, de cadastre, de terrier, d'anciens plans, de titres, plans d'ensemble, plans parcellaires et tous autres, sont également rétribués à la vacation.

Minutes.

Art. 23.

Les géomètres devront toujours conserver les minutes de toutes leurs opérations ; le timbre seul de la minute, s'il en est employé, leur sera remboursé par leurs commettants.

Art. 24.

Tous les prix fixés à chaque article du présent tarif ne comprennent, bien entendu, que les honoraires dus aux géomètres et non tous les déboursés pour fournitures, transports, plantation de bornes, ouvriers terrassiers, bûcherons, papier timbré, enregistrement, correspondance, collage des plans sur toile, reliure d'atlas. En un mot, tous les déboursés en général faits par les géomètres seront remboursés par le requérant.

Dispositions exceptionnelles.

Art. 25.

Dans les terrains très-accidentés ou présentant des obstables sérieux à la libre exécution des opérations et dans les levés de bâtiments, parcs et jardins d'agrément, le géomètre aura la faculté d'exécuter ses travaux à la vacation ; pour toute opération d'une importance exceptionnelle et qui devrait être l'objet de soins hors ligne, il pourra traiter de gré à gré avec les commettants.

Art. 26.

A défaut de conventions constatées par écrit, s'il s'élève des contestations entre le géomètre et son client, sur la fixation des honoraires dus, l'expert, s'il est choisi parmi les membres composant les comités du département de Seine-et-Marne, devra examiner si le géomètre a complètement exécuté son travail selon les règles de l'art, et si ce travail est reconnu exact, l'appréciation qu'il en fera sera basée sur les éléments déterminés aux articles du présent tarif qui lui seront applicables.

Si, au contraire, le travail était reconnu défectueux, le géomètre, outre qu'il serait passible de réduction ou même privé de toute rétribution, pourvoirait encore aux frais de la vérification.

Art. 27 et dernier.

Un exemplaire du présent tarif sera, par les soins du Président de chaque comité, remis à MM. les Président et juges du Tribunal Civil, à MM. les Juges de Paix et Officiers publics de chacun des arrondissements du département de Seine-et-Marne.

Ainsi fait et délibéré en assemblée générale par les géomètres experts du département de Seine-et-Marne, pour être immédiatement mis à exécution.

Melun, le 1er juillet 1874.

Vacations et frais de voyage des experts.

Pour les travaux qui n'offrent pas le moyen de fixer les honoraires dus au géomètre, on est dans l'usage de s'en référer au tarif des frais de procédure. En conséquence, il est dû aux géomètres et autres artistes, *par chaque vacation de trois heures*, quand ils opèrent dans les lieux où ils sont domiciliés, ou dans la distance de deux myriamètres, savoir :

Dans le département de la Seine......	8 fr.	»»
Dans les autres départements.........	6	»»
Au-delà des autres myriamètres, il est alloué par chaque myriamètre pour frais de voyage et nourriture, soit pour aller, soit pour venir,		
Aux géomètres et autres artistes de Paris.........................	6	»»
A ceux des départements.......	4	50
Pendant leur séjour il est alloué aux géomètres, à la charge de faire quatre vacations par jour,		
A ceux de Paris...............	32	»»
A ceux des départements.......	24	»»

S'ils font moins de quatre vacations, la taxe est réduite proportionnellement.

TARIF DES HONORAIRES DES ARCHITECTES
des Experts, vérificateurs et Métreurs.

MINISTÈRE DE L'INTÉRIEUR.

Arrêté du Conseil des bâtiments civils, du 12 pluviôse an VIII, confirmé par ordonnance du 10 octobre 1841.

Pour plans et devis, (travaux ordinaires), 1 1/2 0/0
Pour conduite des travaux, 1 1/2 0/0
Pour vérification et règlement des mémoires, 2 0/0
Ensemble 5 0/0 du montant des mémoires réglés.

Dans les travaux publics, cette allocation est généralement répartie comme suit, savoir :

Pour projets et devis approuvés ou susceptibles de l'être et mis en adjudication, 1 2/3 0/0

Pour direction, conduite, surveillance des travaux et tenue des attachements, 1 2/3 0/0

Pour réception, vérification et règlement des travaux, 1 2/3 0/0

Il est alloué, en plus desdits honoraires, pour frais de voyages nécessités par les travaux, par myriamètre, pour les architectes de Paris, Lyon, Bordeaux, Rouen, 6 fr.

Et pour les architectes des autres villes, 4 fr. 50.

Pour les travaux d'architecture faits pour le compte des particuliers, depuis 5,000 fr. jusqu'à 50.000 fr., il est dû 5 0/0 du montant du règlement des mémoires pour plans, conduite, vérification et règlement, et 7 0/0, si le chiffre du règlement ne dépasse pas 5,000 fr.

Pour vérification et règlement seuls de mémoires, 2 1/2 0/0, toujours suivant le montant du règlement.

Pour tous travaux au-dessous de 400 fr., il est dû une ou deux vacations, selon le cas ; attendu qu'un architecte ou un vérificateur ne peuvent se déplacer à moins d'une vacation fixée comme ci-dessous.

VACATIONS ET FRAIS DE VOYAGE

Pour expertises près les tribunaux et autres auxquelles peuvent être commis les architectes.

Pour chaque vacation de trois heures de tout architecte, expert ou artiste opérant dans le lieu de leur domicile ou dans la distance de deux myriamètres, il est dû :

Dans le département de la Seine, 8 fr.
Dans les villes au-dessus de 30.000 âmes, 7 fr.
Dans celles au-dessous, 6 fr.

Au-delà de deux myriamètres, il est alloué pour chaque myriamètre à titre de frais de voyage et de nourriture, soit pour aller, soit pour venir,

Aux architectes et autres artistes de Paris, 6 fr.
A ceux des départements, 4 fr. 50 c.

Pour quatre vacations par jour sans déplacement :

Aux architectes et autres artistes de Paris, 32 fr.
A ceux des départements, 24 fr.

S'il y a moins de quatre vacations, la réduction est proportionnelle.

ÉTAT DE LIEUX.

Pour état de lieux régulièrement établi, fait en circonstance ordinaire et sans déplacement, il est dû pour chaque rôle de vingt-cinq lignes à la page et compris la première expédition :

En cas de rédaction par un seul architecte, 3 fr.

En cas de rédaction contradictoire et simultanée par deux architectes, 4 fr.

Pour chaque expédition en plus par rôle, 50 c.

Pour tous états de lieux et estimations de matériel d'établissements agricoles ou industriels, des théâtres, des usines, etc., etc., et pour plans ou dessins y annexés, contre-vérification, révision ou modification d'anciens états de lieux, par vacation après estimation, 8 fr.

Les déplacements pour état de lieux (rédaction et vérification) donnent droit, en sus des prix du rôle ci-dessus mentionnés, à toute demande d'honoraires et de frais, conformément au tarif des expertises près les tribunaux, ci-dessus rapportés.

(*Décision de la Société centrale des architectes, du 2 juillet* 1850.)

Le prix d'un état des lieux, régulièrement établi, soit dans les circonstances ordinaires et sans déplacement, doit être payé pour chaque rôle, et compris les deux expéditions, 3 fr. 50 c.

Chaque expédition en sus doit être payée.

HONORAIRES DES MÉTREURS.

Pour métrés et expéditions de travaux de terrasse,

maçonnerie, charpente et carrelage, 1 fr. 20 c. pour cent, selon le montant en demande du mémoire, ou 12 fr. pour mille.

Dito, de couverture, peinture, menuiserie, serrurerie, fumisterie, à 1 fr. 50 c. du cent, ou 15 fr. pour mille.

Nous avancerons que pour ces cinq parties, lorsque les travaux à métrer dépassent 10,000 fr., il se fait souvent une réduction à 12 fr. du mille.

Plomberie de bâtiment, pour les eaux et le gaz, 2 fr. du cent, ou 20 fr. du mille.

Lorsque la plomberie est métrée simultanément avec la couverture, souvent le prix d'honoraires est confondu comme à la couverture. Lorsqu'il y a métrage de plomberie seul, on portera le prix qui lui est appliqué.

Etant observé que, dans les départements où il se fait journellement de nombreux travaux à façon, il est d'usage de porter les honoraires à 2 fr. pour cent du montant des dits travaux en demande, et il y a lieu à les estimer en vacations, toutes les fois que le montant ne s'élève pas au-dessus de 100 fr. (Extrait de l'*Annuaire du Bâtiment.*)

MANŒUVRE DU NIVEAU A BULLE D'AIR.

1° *Rendre le niveau perpendiculaire à l'axe de l'instrument.*

A cet effet on le place dans la direction des deux vis calantes, au moyen desquelles on amène la bulle au milieu du tube. On fait décrire au niveau une demi-révolution autour de l'axe, et on observe si la bulle revient au milieu du tube. Dans ce cas, le niveau est bien perpendiculaire à l'axe; dans le cas contraire, il ne l'est pas et pour l'amener à l'être, il faudra faire revenir la bulle au milieu du tube, moitié par l'action de la vis qui détermine la position relative du niveau et de l'axe, moitié par l'action des vis calantes. Si cette première correction ne suffit pas, on recommence jusqu'à ce qu'on obtienne un résultat satisfaisant.

2° *Rendre bien vertical l'axe de l'instrument.*

Le niveau étant bien rectangulaire avec l'axe, il suffira d'assurer la position horizontale de ce niveau dans deux directions, pour que la verticalité de l'axe s'en suive. A cet effet, le niveau étant placé dans la direction de deux vis calantes, on amène au moyen de ces vis la bulle au milieu du tube. L'axe de l'instrument se trouve dès lors dans un plan vertical perpendiculaire à la direction actuelle du niveau. On fait décrire au niveau un quart de révolution autour de l'axe qui reste dans le plan vertical précité. Si le niveau reste horizontal dans cette nouvelle position, c'est que l'axe est dans un plan vertical perpendiculaire à cette deuxième position du niveau ; comme d'ailleurs il n'a pas dû sortir du premier plan vertical, il se trouve donc dans deux plans verticaux ; il est donc sur l'intersection même de ces deux plans qui est une verticale ; si le niveau dans sa deuxiéme position n'est pas horizontal, on le rend tel au moyen de la troisième vis calante (ou des deux autres s'il y en a quatre) ; ce qui fera mouvoir l'axe dans le premier plan vertical précité jusqu'à le rendre vertical, ce qu'on devra vérifier en ramenant le niveau dans sa nouvelle position, ou on le rendra de nouveau horizontal s'il y a lieu, et ainsi de suite jusqu'à la perfection.

3° *Centrer la lunette.*

On vise sur une mire et on cote la hauteur, on tourne la lunette sans dessus dessous, et on vise de nouveau ; si on trouve la même hauteur, la lunette est centrée, et telle que l'axe optique coincide avec l'axe géométrique. Si non, on cote la deuxième hauteur ; on prend la moyenne des deux cotes, et on fait placer le voyant de la mire à la hauteur correspondante ; puis, le voyant restant immobile, on amènera le réticule sur la ligne passant par le voyant et le centre optique de l'objectif, au moyen de la vis à ce destinée.

4° *Rendre l'axe optique de la lunette parallèle au niveau.*

L'axe de l'instrument étant vertical et la lunette étant centrée, on visera une mire et on notera la hauteur : on retournera la lunette bout pour bout sur ses colliers ; on retournera le tout de 180 degrés pour repointer la mire, et on cotera la nouvelle hauteur. Si elle est la même que la précédente, la lunette est bien parallèle au niveau. Si non, on prendra la moyenne des deux hauteurs, on y placera le voyant, et on amènera l'axe optique de la lunette sur le voyant en agissant sur la vis qui fait varier l'inclinaison de la lunette par rapport au niveau.

INTÉRÊTS DE 100 FRANCS AUX TAUX DE

pour	3	3 1/2	4	4 1/2	5	5 1/2	6
mois.							
1	25 00	29 17	33 33	37 50	41 67	45 83	50 00
2	50 00	58 33	66 67	75 00	83 33	91 67	1 00 00
3	75 00	87 50	1 00 00	1 12 50	1 25 00	1 37 50	1 50 00
4	1 00 00	1 16 67	1 33 33	1 50 00	1 66 67	1 83 33	2 00 00
5	1 25 00	1 45 83	1 66 67	1 87 50	2 08 33	2 29 17	2 50 00
6	1 50 00	1 75 00	2 00 00	2 25 00	2 50 00	2 75 00	3 00 00
7	1 75 00	2 04 17	2 33 33	2 62 50	2 91 67	3 20 83	3 50 00
8	2 00 00	2 33 33	2 66 67	3 00 00	3 33 33	3 66 67	4 00 00
9	2 25 00	2 62 50	3 00 00	3 37 50	3 75 00	4 12 50	4 50 00
10	2 50 00	2 91 67	3 33 33	3 75 00	4 16 67	4 58 33	5 00 00
11	2 75 00	3 20 83	3 66 67	4 12 50	4 58 33	5 04 17	5 50 00
jours.							
1	00 83	00 97	01 11	01 25	01 39	01 53	01 67
2	01 67	01 94	02 22	02 50	02 78	03 06	03 33
3	02 50	02 92	03 33	03 75	04 17	04 58	05 00
4	03 33	03 89	04 42	05 00	05 56	06 11	06 67
5	04 17	04 86	05 56	06 25	06 94	07 64	08 33
6	05 00	05 83	06 67	07 50	08 33	09 17	10 00
7	05 83	06 81	07 78	08 75	09 72	10 69	11 67
8	06 67	07 78	08 89	10 00	11 11	12 22	13 33
9	07 50	08 75	10 00	11 25	12 50	13 75	15 00
10	08 33	09 72	11 11	12 50	13 89	15 28	16 67
11	09 17	10 69	12 22	13 75	15 28	16 81	18 33
12	10 00	11 67	13 33	15 00	16 67	18 33	20 00
13	10 83	12 64	14 44	16 25	18 06	19 86	21 67
14	11 67	13 61	15 56	17 50	19 44	21 39	23 33
15	12 50	14 58	16 67	18 75	20 83	22 92	25 00
16	13 33	15 56	17 78	20 00	22 22	24 44	26 67
17	14 17	16 53	18 89	21 25	23 61	25 97	28 33
18	15 00	17 50	20 00	22 50	25 00	27 50	30 00
19	15 83	18 47	21 11	23 75	26 39	29 03	31 67
20	16 67	19 44	22 22	25 00	27 78	30 56	33 33
21	17 50	20 42	23 33	26 25	29 17	32 08	35 00
22	18 33	21 38	24 44	27 50	30 56	33 61	36 67
23	19 17	22 36	25 56	28 75	31 94	35 14	38 33
24	20 00	23 33	26 67	30 00	33 33	36 67	40 00
25	20 83	24 31	27 78	31 25	34 72	38 19	41 67
26	21 67	25 28	28 89	32 50	36 11	39 72	43 33
27	22 50	26 25	30 00	33 75	37 50	41 25	45 00
28	23 33	27 22	31 11	35 00	38 89	42 78	46 67
29	24 17	28 19	32 22	36 25	40 28	44 31	48 33

On obtient les intérêts d'un capital quelconque, pour un nombre de mois et de jours déterminés, en le multipliant par les sommes qui correspondent ci-dessus à ce nombre.

Capital et intérêts composés de 1,000 fr. aux taux de

Au bout de	3	3 1/2	4	4 1/2	5	5 1/2	6
1	1030 00	1035 00	1040 00	1045 00	1050 00	1055 00	1060 00
2	1060 90	1071 22	1081 60	1092 03	1102 50	1113 02	1123 60
3	1093 48	1108 72	1124 86	1141 17	1157 63	1174 24	1191 02
4	1125 51	1147 52	1169 85	1192 52	1215 51	1238 80	1262 48
5	1159 27	1187 69	1216 65	1246 18	1276 28	1306 96	1338 23
6	1194 05	1229 35	1265 32	1302 26	1340 10	1378 84	1418 55
7	1229 87	1272 28	1315 93	1360 86	1407 10	1454 68	1503 60
8	1266 77	1316 81	1368 57	1422 10	1477 46	1534 69	1593 85
9	1304 77	1362 90	1423 31	1486 10	1551 33	1619 10	1689 48
10	1343 92	1410 60	1480 24	1552 97	1628 89	1708 15	1790 85
11	1384 23	1459 97	1539 45	1622 85	1710 34	1802 09	1898 30
12	1425 76	1511 07	1601 03	1695 88	1795 86	1901 21	2012 20
13	1468 53	1563 95	1665 07	1772 20	1885 65	2005 78	2132 88
14	1512 59	1618 69	1731 67	1851 94	1979 93	2116 10	2260 80
15	1557 97	1675 35	1800 94	1935 28	2078 97	2232 48	2396 51
16	1604 71	1733 98	1872 98	2022 37	2182 88	2355 27	2540 36
17	1652 85	1794 67	1947 90	2113 38	2292 02	2484 81	2692 78
18	1702 43	1857 49	2025 82	2208 48	2406 62	2621 47	2854 34
19	1753 50	1922 50	2106 85	2307 86	2526 54	2765 66	3025 60
20 ans.	1806 11	1989 78	2191 12	2411 72	2653 30	2917 77	3207 14
21	1860 29	2059 43	2278 77	2520 24	2785 96	3078 25	3399 57
22	1917 87	2131 10	2369 88	2633 66	2925 26	3247 54	3603 55
23	1973 58	2206 12	2464 71	2752 17	3071 59	3426 16	3819 76
24	2032 79	2283 32	2563 30	2876 01	3225 10	3614 60	4048 04
25	2093 67	2363 21	2665 84	3005 44	3386 35	3813 40	4291 78
26	2156 59	2445 95	2772 47	3140 68	3555 67	4023 14	4549 18
27	2221 28	2531 56	2883 37	3282 01	3733 46	4244 41	4822 02
28	2287 87	2620 16	2998 70	3429 70	3920 13	4477 86	5111 23
29	2356 56	2711 87	3118 65	3584 04	4116 14	4724 14	5418 03
30	2427 26	2806 78	3243 40	3745 32	4321 94	4983 97	5743 24
31	2490 50	2905 02	3373 13	3913 86	4538 04	5258 08	6087 98
32	2575 08	3006 70	3508 06	4089 98	4764 94	5547 28	6453 40
33	2652 33	3111 93	3648 38	4274 03	5003 19	5852 38	6840 61
34	2731 90	3220 85	3794 31	4466 38	5253 35	6174 26	7251 05
35	2183 86	3333 58	3946 09	4667 35	5516 01	6513 85	7686 11
36	2898 27	3450 25	4103 97	4877 38	5791 82	6872 11	8147 28
37	2985 22	3571 01	4268 09	5096 86	6081 41	7250 08	8636 11
38	3074 78	3696 00	4438 81	5326 22	6385 48	7648 83	9154 28
39	3167 02	3825 35	4616 36	5565 90	6704 75	8069 52	9703 54
40	3262 03	3959 24	4801 02	5816 37	7039 99	8513 34	10285 75

Quant aux intérêts courus dans la dernière année, lorsque cette année n'est pas complète, on les obtient à l'aide du tableau qui précède celui-ci.

Somme produite à intérêt composé, au bout de n années, par une annuité de 1 fr. payée à la fin de chaque année.

Somme produite. . . $\frac{1}{r}[(1+r)^n - 1].1^{fr.}$

ANNÉE n.	TAUX DE L'INTÉRÊT r. 3 ½	4	4 ½	5
	fr.	fr.	fr.	fr.
1	1,000 000	1,000 000	1,000 000	1.000 000
2	2,035 000	2,040 000	2,045 000	2.050 000
3	3,106 225	3,121 600	3,137 025	3,152 500
4	4,214 943	4,246 464	4,278 191	4,310 125
5	5,362 466	5,416 323	5,470 710	5,525 631
6	6,550 152	6,632 975	6·716 892	6.801 913
7	7,779 408	7,898 294	8,019 152	8,142 008
8	9,051 687	9,214 226	9,380 014	9,549 109
9	10,368 496	10,582 795	10,802 114	11,026 564
10	11,731 393	12,006 107	12,288 209	12 577 893
11	13,141 992	13,486 351	13,841 179	14,206 787
12	14,601 962	15.025 805	15,464 032	15,917 127
13	16,113 030	16 626 838	17,159 913	17,712 983
14	17,676 986	18,291 911	18,932 109	19,598 632
15	19,295 681	20.023 588	20,784 054	21,578 564
16	20,971 030	21.824 531	22,719 337	23,657 492
17	22,705 016	23,697 512	24,741 707	25,840 366
18	24,499 691	25,645 413	26,855 084	28,132 385
19	26,357 180	27,671 229	29.063 562	30,539 004
20	28,279 682	29,778 079	31,371 423	33,065 954
21	30,269 471	31 969 202	33,783 137	35.719 252
22	32,328 902	34,247 970	36,303 378	38,505 214
23	34,460 414	36.617 889	38 937 030	41,430 475
24	36,666 528	39,082 604	41,689 196	44,501 999
25	38,949 857	41.645 908	44.565 210	47,727 099
26	41,313 102	44.311 745	47,570 645	51,113 454
27	43,759 060	47 084 214	50 711 324	54,669 126
28	46,290 627	49 967 583	53,993 333	58.402 583
29	48.910 799	52,966 286	57.423 033	62,322 712
30	51,622 677	56 084 938	61,007 070	66,438 848
31	54,429 471	59 328 335	64,752 388	70,760 790
32	57,334 502	62,701 469	68,666 245	75,298 829
33	60,341 210	66,209 527	72,756 226	80,063 771

Valeur actuelle de 1,000 fr. payables à la fin de n années.

Valeur actuelle. . . . . . . $\frac{1 \text{ fr.}}{(1+r)^n}$.

ANNÉES n.	TAUX DE L'INTÉRÊT r.					
	3	3 ½	4	4 ½	5	6
1	970 873	966 184	961 538	956 938	952 381	943 396
2	942 596	933 511	924 556	915 730	907 030	889 996
3	915 142	901 943	888 996	876 297	863 838	839 619
4	888 487	871 442	854 804	838 561	822 702	7[illegible] 094
5	862 609	841 973	821 927	802 451	783 526	747 258
6	837 484	813 501	790 314	767 896	746 215	704 960
7	813 091	785 991	759 918	734 829	710 681	665 057
8	789 409	759 412	730 690	703 185	676 839	627 412
9	766 417	733 731	702 587	672 904	644 609	591 898
10	744 094	708 919	675 564	643 928	613 913	558 395
11	722 421	684 946	649 581	616 199	584 679	526 788
12	701 380	661 783	624 597	589 664	556 837	496 969
13	680 951	639 404	600 574	564 272	530 321	468 839
14	661 118	617 782	577 475	539 973	505 068	442 301
15	641 862	596 891	555 264	516 720	481 017	417 265
16	623 167	576 706	533 908	494 469	458 114	393 646
17	605 016	557 204	513 373	473 176	436 297	371 364
18	587 395	538 361	493 628	452 800	415 521	350 344
19	570 286	520 156	474 642	433 302	395 734	330 513
20	553 676	502 566	456 387	414 643	376 889	311 805
21	537 549	485 571	438 834	396 787	358 942	294 155
22	521 892	469 151	421 955	379 701	311 850	277 505
23	506 692	453 286	405 726	363 350	325 571	261 797
24	491 934	437 957	390 121	347 703	310 064	246 978
25	477 606	423 147	375 117	332 731	295 303	329 999
26	463 695	408 838	360 689	318 402	281 241	219 810
27	450 189	395 012	346 817	304 691	267 848	207 368
28	437 077	381 654	333 477	291 571	255 094	195 630
29	424 346	368 748	320 651	279 015	242 946	184 557
30	411 987	356 278	308 319	267 000	231 377	174 110
31	399 987	344 230	296 460	255 502	220 360	164 255
32	388 337	332 590	285 058	244 500	209 866	154 957
33	377 026	321 343	274 094	233 971	199 872	146 186
34	366 045	310 476	263 552	223 896	190 355	137 911

Table donnant le carré, le cube, la circonférence du cercle pour un côté ou diamètre donné, depuis 1 jusqu'à 100.

Côté ou diamètre.	Surface du carré.	Solidité du cube.	Circonfér. du cercle.	Surface du cercle.
1	1	1	3 142	0 785
2	4	8	6 283	3 142
3	9	27	9 425	7 069
4	16	64	12 566	12 566
5	25	125	15 708	19 635
6	36	216	18 850	28 274
7	49	343	21 991	38 485
8	64	512	25 143	50 265
9	81	729	28 274	63 617
10	100	1 000	31 416	78 540
11	121	1 331	34 558	95 033
12	144	1 728	37 699	113 097
13	169	2 197	40 841	132 732
14	196	2 744	43 982	153 938
15	225	3 375	47 124	176 715
16	256	4 096	50 265	201 062
17	289	4 913	53 407	226 980
18	324	5 832	56 549	254 469
19	361	6 859	59 690	283 529
20	400	8 000	62 832	314 159
21	441	9 261	65 973	346 361
22	484	10 648	69 115	380 132
23	529	12 167	72 257	415 476
24	576	13 824	75 398	452 389
25	625	15 625	78 540	490 874
26	676	17 576	81 681	530 929
27	729	19 683	84 823	572 554
28	784	21 952	87 965	615 752
29	841	24 389	91 106	660 520
30	900	27 000	94 248	706 858
31	961	29 791	97 389	754 768
32	1 024	32 768	100 531	804 248
33	1 089	35 937	103 673	855 297
34	1 156	39 304	106 814	907 920
35	1 225	42 875	109 956	962 114
36	1 296	46 656	113 097	1 017 875
37	1 369	50 653	116 239	1 075 210
38	1 444	54 872	119 381	1 134 115
39	1 521	59 319	122 522	1 194 590
40	1 600	64 000	125 664	1 256 637
41	1 681	68 921	128 805	1 320 254
42	1 764	74 088	131 947	1 385 442
43	1 849	79 507	135 089	1 452 201
44	1 936	85 184	138 230	1 520 520
45	2 025	91 125	141 372	1 590 435
46	2 116	97 336	144 513	1 661 903
47	2 209	103 823	147 655	1 734 945
48	2 304	110 592	150 796	1 809 558
49	2 401	117 649	153 938	1 885 741
50	2 500	125 000	157 080	1 963 495

Table donnant le carré, le cube, la circonférence du cercle pour un côté ou diamètre donné, depuis 1 jusqu'à 100 [*suite et fin*].

Côté ou diamètre.	Surface du carré.	Solidité du cube.	Circonfér. du cercle.	Surface du cercle.
51	2 601	132 651	160 221	2 042 820
52	2 704	140 608	163 363	2 123 715
53	2 809	148 877	166 504	2 206 184
54	2 916	157 464	169 646	2 290 217
55	3 025	166 375	172 788	2 375 823
56	3 136	175 616	175 929	2 463 009
57	3 249	185 193	179 071	2 551 758
58	3 364	195 112	182 212	2 642 080
59	3 481	205 379	185 354	2 733 971
60	3 600	216 000	188 496	2 827 433
61	3 721	226 981	191 637	2 922 466
62	3 844	238 328	194 779	3 019 071
63	3 969	250 047	197 920	3 117 245
64	4 096	262 144	201 062	3 216 992
65	4 225	274 625	204 204	3 318 307
66	4 356	287 496	207 345	3 421 186
67	4 489	300 763	210 487	3 525 652
68	4 624	314 432	213 628	3 631 681
69	4 761	328 509	216 770	3 739 281
70	4 900	343 000	219 911	3 848 451
71	5 041	357 911	223 053	3 959 192
72	5 184	373 248	226 195	4 071 [illegible]
73	5 329	389 017	229 336	4 185 [illegible]
74	5 476	405 224	232 478	4 300 840
75	5 625	421 875	235 619	4 417 866
76	5 776	438 976	238 761	4 536 458
77	5 929	456 933	241 903	4 656 620
78	6 084	474 552	245 044	4 778 361
79	6 241	493 039	248 186	4 901 681
80	6 400	512 000	251 327	5 026 544
81	6 561	531 441	254 469	5 153 009
82	6 724	551 368	257 611	5 281 018
83	6 889	571 787	260 752	5 410 590
84	7 056	592 704	263 894	5 541 770
85	7 225	614 125	267 035	5 674 501
86	7 396	636 056	270 177	5 808 805
87	7 569	658 503	273 319	5 944 679
88	7 744	681 472	276 460	6 082 115
89	7 921	704 969	279 602	6 221 134
90	8 100	720 000	282 743	6 361 720
91	8 281	753 571	285 885	6 503 877
92	8 464	778 688	289 027	6 647 610
93	8 649	804 357	292 168	6 792 909
94	8 836	830 584	295 310	6 939 780
95	9 025	857 375	298 451	7 088 217
96	9 216	884 736	301 593	7 238 232
97	9 409	912 673	304 735	7 389 812
98	9 604	941 192	307 876	7 542 964
99	9 801	970 299	311 018	7 697 681
100	10,000	1 000 000	314 159	7 853 975

Conversion des verges ou perches linéaires composées d'un nombre exact de pieds et de pouces depuis 15 pieds jusqu'à 26 pieds, en mètres et décimales de mètre linéaires.

Verges de	pouces 0	1	2	3	4	5	6	7	8	9	10	11
15 pieds	4m87259	4 89966	4 92673	4 95380	4 98087	5 00794	5 03501	5 06208	5 08915	5 11622	5 14329	5 17236
16	5 19743	5 22450	5 25157	5 27864	5 30571	5 33278	5 35985	5 38692	5 41399	5 44106	5 46813	5 49520
17	5 52227	5 54934	5 57641	5 60348	5 63055	5 65762	5 68469	5 71176	5 73883	5 76590	5 79297	5 82004
18	5 84711	5 87418	5 90125	5 92832	5 95539	5 98246	6 00953	6 03660	6 06367	6 09074	6 11781	6 14488
19	6 17195	6 19902	6 22609	6 25316	6 28023	6 30730	6 33437	6 36144	6 38851	6 41558	6 44265	6 46972
20	6 49679	6 52386	6 55093	6 57800	6 60507	6 63214	6 65921	6 68628	6 71335	6 74042	6 76749	6 79456
21	6 82163	6 84870	6 87577	6 90284	6 92991	6 95698	6 98405	7 01112	7 03819	7 06526	7 09233	7 11940
22	7 14647	7 17354	7 20061	7 22768	7 25475	7 28182	7 30889	7 33596	7 36303	7 39010	7 41717	7 44424
23	7 47131	7 49838	7 52545	7 55252	7 57951	7 60666	7 63373	7 66080	7 68787	7 71494	7 74201	7 76908
24	7 79615	7 82322	7 85029	7 87736	7 90443	7 93150	7 95857	7 98564	8 01271	8 03978	8 06685	8 09392
25	8 12099	8 14806	8 17513	8 20220	8 22927	8 25634	8 28341	8 31048	8 33755	8 36462	8 39169	8 41876

N. B. On convertit la verge ou perche linéaire, dont la mesure excède d'une quantité quelconque de lignes un nombre exact de pieds et de pouces, en mètres et décimales de mètre linéaires, en joignant au chiffre correspondant ci-dessus à ce nombre exact de pieds et de pouces celui correspondant ci-contre à ladite quantité de lignes.

Conversion des lignes en décimales de mètre.

lignes	décimales de mètre.
1	0·00226
2	0 00451
3	0 00677
4	0 00903
5	0 01128
6	0 01353
7	0 01579
8	0 01805
9	0 02030
10	0 02256
11	0 02481
12	0 02707

Valeur en centiares ou mètres carrés et décimales de centiare des perches ou verges mesurant un nombre exact de pieds et de pouces, depuis 15 pieds jusqu'à 26 pieds (1).

Verges de	pouces 0	1	2	3	4	5	6	7	8	9	10	11
15	23·7461	24 0100	24 2753	24 5421	24 8103	25 0800	25 3512	25 6238	25 8979	26 1734	26 4504	26 7495
16	27 0088	27 2953	27 5835	27 8678	28 1536	28 4408	28 7296	29 0197	29 3113	29 5936	29 8990	30 1950
17	30 4924	30 7914	31 0917	31 3936	31 7081	32 0129	32 3[illegible]92	32 6269	32 9361	33 2467	33 5588	33 8724
18	34 1874	34 5038	34 8218	35 1411	35 4620	35 7843	36 1201	36 4453	36 7220	37 1002	37 4299	37 7610
19	38 0935	38 4276	38 7630	39 1000	39 4384	39 7782	40 4195	40 4623	40 8120	41 1650	41 5122	41 8609
20 pieds	42 2110	42 5625	42 9156	43 2700	43 6260	43 9834	43 3422	44 7025	45 0643	45 4276	45 7991	46 1720
21	46 5396	46 9088	47 2793	47 6514	48 0249	48 3998	48 7762	49 1541	49 5334	49 9142	50 2964	50 6801
22	51 0653	51 4662	51 8544	52 2439	52 6350	53 0275	53 4214	53 8168	54 2137	54 6121	55 0118	55 4131
23	55 8158	56 2200	56 6256	57 0402	57 4564	57 8664	58 2779	58 6909	59 1053	59 5212	59 9385	60 3573
24	60 7776	61 1993	61 6225	62 0471	62 4732	62 9007	63 3456	63 7761	64 2081	65 6416	64 0764	65 5128
25	65 9506	66 3899	66 8306	67 2728	67 7164	68 1615	68 6080	69 0561	69 5222	69 9732	70 4256	70 8795

Lorsqu'on voudra obtenir la valeur en centiares et décimales de centiare d'une perche ou verge composée non seulement de pieds et de pouces mais encore de lignes, on devra, après s'être procuré sa longueur en millimètres au moyen du tableau de la page 125, multiplier cette longueur par elle-même.

(1) Cette valeur résulte, pour chaque perche ou verge, de sa longueur en millimètres (on n'a pas cru devoir pousser la rigueur du calcul jusqu'aux fractions de millimètre qui, dans la pratique, deviennent tout à fait insignifiantes) multipliée par elle-même.

TABLE ABRÉGÉE

DES SINUS NATURELS

Le Rayon du Cercle étant de 10,000.

Disposition et emploi des nombres.

Aux degrés et minutes correspondent des nombres qui sont les longueurs ou *lignes naturelles* de leur sinus. Ces nombres dispensent de l'emploi des logarithmes pour la résolution des triangles, dans presque toutes les opérations trigonométriques.

Dans la première colonne sont les chiffres à gauche des *lignes naturelles*, et en tête des dix colonnes suivantes leurs derniers chiffres à droite.

Dans ces dix colonnes se succèdent, de gauche à droite, les degrés et minutes qui leur correspondent. Cette correspondance a lieu comme dans la table Pithagore.

Les chiffres y sont disposés de manière à faire obtenir instantanément les *lignes naturelles* des sinus, de minute en minute, pour tous les angles donnés

Nous nous abstenons de toutes démonstrations théoriques pour l'usage de cette Table ; elles seraient superflues, car on les trouve dans tous les auteurs.

Néanmoins, comme il n'est pas rigoureusement nécessaire, pour pouvoir très-bien s'en servir, de connaître parfaitement la trigonométrie, nous donnons ci-après quelques exemples de son application.

Table abrégée des sinus naturels.

Lignes naturelles	00	10	20	30	40	50	60	70	80	90	Dif.
00	0° 0	3	7	10	14	17	21	24	28	31	3
01	0°34	38	41	45	48	52	55	58	1° 2	5	3
02	1° 9	12	16	19	23	26	29	33	36	40	3
03	1°43	47	50	53	57	2° 0	4	7	10	14	3
04	2°18	21	24	28	31	35	38	42	45	49	3
05	2°52	56	59	3° 2	6	9	13	16	20	23	3
06	3°27	30	33	37	40	44	47	51	54	58	3
07	4° 1	4	8	11	15	18	22	25	29	32	3
08	4°36	39	42	46	49	53	56	5° 0	3	7	3
09	5°10	13	17	20	24	27	31	34	38	41	3
10	5°45	48	51	55	58	6° 2	5	9	12	16	3
11	6°19	23	26	29	33	36	40	43	47	51	3
12	6°54	57	7° 1	4	8	11	14	18	21	25	3
13	7°28	32	35	39	42	46	49	53	56	8° 0	3
14	8° 3	6	10	13	17	20	24	27	31	34	3
15	8°38	41	45	48	52	55	59	9° 2	5	9	3
16	9°13	16	20	23	26	30	34	37	40	44	3
17	9°48	51	54	58	10° 1	5	8	12	15	19	3
18	10°23	26	29	33	36	40	43	47	50	54	3
19	10°58	11° 1	4	8	11	15	18	22	25	29	3
20	11°33	36	39	43	46	50	53	57	12° 0	4	3
21	12° 8	11	15	18	22	25	29	32	36	40	3
22	12°43	46	50	53	57	13° 0	4	7	11	14	3
23	13°18	21	25	29	32	36	39	43	46	50	3
24	13°54	57	14° [illegible]	4	7	11	15	18	22	25	3
25	14°29	32	36	39	43	47	50	54	57	15° 1	
26	15° 5	8	11	15	19	22	26	29	33	36	
27	15°40	44	47	51	54	58	16° 1	5	9	12	
28	16°16	19	23	26	30	34	37	41	44	48	
29	16°52	55	59	17° 2	6	10	13	17	20	24	
30	17°28	31	35	38	42	46	49	53	56	18° 0	
31	18° 4	7	11	15	18	22	25	29	33	36	
32	18°40	44	47	51	54	58	19° 2	5	9	13	
33	19°17	20	24	27	31	34	38	42	45	49	
34	19°53	56	20° 0	4	7	11	15	18	22	26	
35	20°29	33	37	40	44	48	51	55	59	21° 2	
36	21° 6	10	13	17	21	25	28	32	36	39	
37	21°43	47	50	54	58	22° 2	5	9	13	16	
38	22°20	24	28	31	35	39	42	46	50	54	
39	22°57	23° 1	5	9	12	16	20	24	27	31	
40	23°35	39	42	46	50	54	57	24° 1	5	9	
41	24°12	16	20	24	27	31	35	39	43	46	
42	24°50	54	58	25° 2	5	9	13	17	21	24	
43	25°29	32	36	40	43	47	51	55	59	26° 2	
44	26° 6	10	14	18	22	25	29	33	37	41	
Lig. nat^s	00	10	20	30	40	50	60	70	80	90	

Table abrégée des sinus naturels (Suite).

Lignes naturel^s	00	10	20	30	40	50	60	70	80	90	Dif.
45	26°45	49	52	56	27° 0	4	8	12	16	19	4
46	27 23	27	31	35	39	30	47	50	54	58	4
47	28 2	6	10	14	18	22	25	29	33	37	4
48	28 42	45	49	53	57	29° 1	5	0	13	16	4
49	29 20	24	28	32	36	40	44	48	52	56	4
50	30 0	4	8	12	16	20	24	28	32	36	4
51	30 40	44	48	52	56	31° 0	4	8	12	16	4
52	31 20	24	28	32	36	40	44	48	52	56	4
53	32 0	4	8	12	17	21	25	29	33	37	4
54	32 41	45	49	53	57	33° 1	6	10	14	18	4
55	33 22	26	30	34	38	43	47	51	55	59	4
56	34 [illegible]	7	12	16	20	24	28	32	37	41	4
57	34 45	49	53	58	35° 2	6	10	14	19	23	4
58	35 27	31	35	40	44	48	52	57	36° 1	5	4
59	36 9	14	18	22	26	31	35	39	44	48	4
60	36 52	56	37° 1	5	9	14	18	22	27	31	4
61	37 35	40	44	48	53	57	38° 1	6	10	15	4
62	38 19	23	28	32	37	41	45	50	54	59	4
63	39 3	7	12	16	21	25	30	34	39	43	4
64	39 48	52	56	40° 1	5	10	14	19	23	28	4
65	40 33	37	42	46	51	55	41° 0	4	9	13	4
66	41 18	23	27	32	36	41	46	50	55	59	4
67	42 4	9	13	18	23	27	32	35	41	46	5
68	42 51	55	43° 0	5	9	14	19	24	28	33	5
69	43 38	43	47	52	57	44° 2	6	11	16	21	5
70	44 26	30	35	40	45	50	55	59	45° 4	9	5
71	45 14	19	24	29	34	39	43	48	53	58	5
72	46 3	8	13	18	23	28	33	38	43	48	5
73	46 53	58	47° 3	8	13	18	23	29	34	39	5
74	47 44	49	54	59	48° 4	10	15	20	25	30	5
75	48 35	41	46	51	56	49° 2	7	12	17	23	5
76	49 28	33	38	44	49	54	50° 0	5	10	16	5
77	50 21	27	32	37	43	48	54	59	51° 5	10	5
78	51 16	21	27	32	38	43	48	54	52° 0	5	6
79	52 11	17	22	28	34	39	45	51	56	53° 2	6
80	53 8	13	19	25	31	37	42	48	54	[illegible]° 0	6
81	54 6	12	18	23	29	35	41	47	53	59	6
82	55 5	11	17	23	29	35	41	47	54	56° 0	6
83	56 6	12	18	25	31	37	43	50	56	57° 2	6
84	57 9	15	21	27	34	40	47	53	58° 0	6	6
85	58 13	19	20	32	39	46	52	59	59° 0	12	7
86	59 19	26	33	39	46	53	60° 0	7	14	21	[illegible]
87	60 28	35	42	49	56	61° 3	10	17	24	3'	7
88	61 39	56	53	62° 0	8	15	22	30	37	45	7
89	62 52	63° 0	8	15	23	31	38	46	54	64° 2	8
Lig. nat.	00	10	20	30	40	50	60	70	80	90	Dif.

9.

Table abrégée des sinus naturels (Suite).

Lignes naturel^{s}	00	10	20	30	40	50	60	70	80	90	Dif.
90	64° 9	17	25	33	41	49	58	65° 6	14	22	8
91	65 30	39	47	55	66° 4	12	21	29	38	47	9
92	66 56	67° 4	13	22	31	40	49	58	68° 8	17	9
93	68 26	35	45	54	69° 4	14	23	33	43	53	10
94	70 3	13	23	34	44	55	71° 5	16	26	37	10
95	71 48	59	72°11	22	33	45	56	73° 8	20	32	11
96	73 44	57	74° 9	22	35	48	75° 1	14	28	42	13
97	75 56	76°10	25	39	54	77°10	25	41	58	78°15	15
Lig. n	00	10	20	30	40	50	60	70	80	90	Dif.
Lignes naturel^{s}	0	1	2	3	4	5	6	7	8	9	Dif.
980	78°31	34	35	36	38	40	42	43	45	47	2
981	78 49	51	52	54	56	58	79° 0	1	3	5	2
982	79 7	9	10	12	14	16	18	20	21	23	2
983	79 25	27	29	31	33	35	37	38	40	42	2
984	79 44	46	48	50	52	54	56	58	80° 0	2	2
985	80 4	6	8	10	12	14	16	18	20	22	2
986	80 24	26	28	30	32	35	37	39	41	43	2
987	80 45	47	49	52	54	56	58	81° 0	2	5	2
988	81 7	9	11	14	16	18	20	23	25	27	2
989	81 30	32	34	36	39	41	44	46	49	51	2
990	81 53	56	58	82° 1	3	6	8	11	13	16	3
991	82 18	21	23	26	29	32	34	37	40	42	3
992	82 45	48	50	53	56	58	83° 1	4	7	10	3
993	83 13	16	19	22	25	28	31	34	37	40	3
994	83 43	46	50	53	56	59	84° 3	6	9	13	3
995	84 16	20	23	27	30	34	38	41	45	49	4
996	84 52	56	85° 0	4	8	12	16	21	25	29	4
997	85 33	38	42	47	52	57	86° 1	7	12	17	5
998	86 22	28	33	39	45	51	58	87° 5	11	19	6
999	87 26	34	42	51	88° 1	11	23	36	52	89°12	
Lig. nat	0	1	2	3	4	5	6	7	8	9	Dif.

Supposons qu'il s'agisse de chercher successivement les longueurs ou *lignes naturelles* des sinus 19°20' 19°24', et 19°22'.

On se porte à la 34e ligne de la 2e page; on y lit 19°20' dans la colonne surmontée du chiffre 10. Comme dans la première colonne se trouve le nombre 33 auquel doit se joindre ce chiffre 10, la longueur du sinus 19°20' est 33 10.

On trouve sur la même ligne, à la colonne suivante, surmontée du chiffre 20, 19°24'. La longueur du deuxième sinus est donc 3320.

Quant à la longueur du troisième sinus 19°22' qui se trouve avoir deux minutes de plus que le premier et deux minutes de moins que le second, il est évident qu'elle doit être portée à 3315, et avoir ainsi un quatrième chiffre qui partage par moitié la différence 10 existant entre 3310 et 3320.

Le moyen d'obtenir un quatrième chiffre par la connaissance de la différence entre deux nombres est connu de tout le monde ; nous n'avons pas besoin de nous en occuper.

Supposons, en second lieu, que l'on ait à opérer une résolution de triangle ainsi proposée :

L'angle observé à 28°10', et l'hypoténuse 55 mètres ; on désire avoir la longueur du côté opposé à cet angle, et celle du côté adjacent.

On multiplie 4720, ligne naturelle du sinus 28°10', et 8816, ligne naturelle de son cosinus, ou, ce qui est la même chose, du sinus 61°50', par 55 mètres ; l'on a 25 m. 96 pour la première longueur, et 48 m. 488 pour la seconde.

LISTE DES ABONNÉS

au *Journal des Géomètres* en 1875.

AIN.

Chomard, à Montmerle-s-Saône.
Comité départemental des géomètres de l'Ain.
Garnerin, à Chalamont.
Moine, à Pont-de-Veyle.
Morel, à Chavannes-sur-Freyssouze.
Ravier, Pierre, à Bourg.
Vallet, à Neyron.

AISNE.

Auguet, employé chez M. Hachet, à Saint-Quentin.
Balet, à Laon.
Bardeaux, à Montbrehain.
Baré, à Guise.
Bertin, à Oulchy-le-Château.
Bertrand, à Tavaux.
Bonant, à Soissons.
Brazier, à Anguilcourt-le-Sart.
Bruaux, à Anizy-le-Château.
Brunaux, à Vailly-sur-Aisne.
Cagnon, employé chez M. Hachet, à Saint-Quentin.
Callay, à Guise.
Champeville, à Soissons.
Chenu, à Chauny.
Cleuet, à Coucy-le-Château.
Compin, à Ribemont.
Cordier, à Saint-Quentin.
Courtin, à La Fère.
Daron, à Colligis.
Defez, à Laon.
Dépierre, à Lavaqueresse.
Doyen, à Neuilly-St-Front.
Dupuis, à Vic-sur-Aisne.
Filliette, à Coincy.
Fouquet, à Chézy-sur-Marne.
Galimant, à Anizy-le-Château.
Gambart, à Beaurieux.
Guillaume, à Marfontaine.
Hachet, membre du Comité central des géomètre, à St-Quentin.
Henne, à Wassigny.
Houel, à Soissons.
Huyart, à Chacrise.
Jozet, à Margival.
Laurent, à Neuilly-St-Front.
Laux, à Caulincourt.
Leclère, à La Ferté-sur-Perron.
Lefèvre, à Origny-Ste-Benoîte.

Lefèvre, à Bergues.
Lefèvre, à Vervins.
Legrain, à Crépy-en-Laonnois.
Lépine, à Fieulaine.
Lobjois, à Braine.
Maroteaux, à Ambleny.
Michaux, à Laon.
Molet, à Braye-en-Laonnois.
Moreau, à Seboncourt.
Pagnier, à Sains.
Payart, à Tergnier.
Pinel, à Hirson.
Philippe Arthur, à Nouvion-et-Câtillon.
Pommera, à Gandelu.
Potier, à Marle.
Pottier, secrétaire du Comité central des géomètres à Villers-Cotterêts.
Poussant, à Fère-en-Tardenois.
Sauvage, à Fère-en-Tardenois.
Vaillant, à Villers-Cotterêts.
Vatin, à Fresnoy-le-Grand.
Vignon, à Charly-sur-Marne.

ALLIER.

Gayot, à Monnetay-sur-Allier.
Romain, à Moulins.

BASSES-ALPES.

Martin-Abdon, à Oraison.
Serre, à Lurs.
Turrel, à Puimoisson.

ALPES-MARITIMES.

Croze, agent-voyer en chef du département, à Nice.

ARDÈCHE.

Bouvier, à St-Victor.
Duzas Hippolyte, à Tournon.
Fiolle, à Mayres.
Leyronnas, à Aubenes.
Servonnet père et fils, à Annonay.

ARDENNES.

Jacquinet, à Sévigny.
Pommera, à Sedan.
Voiron, à Juzancourt.

AUBE.

Bacquet, à Villemaur.
Blorgeot, à Bar-sur-Aube.
Crétey, à Trannes.
Gilson, à Estissac.
Giraux, à Landreville.
Imbert, à Aix-en-Othe.
Laguerre, à Méry-sur-Seine.
Marceau, à Nogent-sur-Seine.
Musnier, à Champignol.
Pringey, à Piney.
Roger, à Montiéramey.
Sorbon, employé chez M. Marceau, à Nogent-sur-Seine.
Vitu, à Troyes.

AUDE.

Albouy, à Bize.
Pont, à Montfort.

AVEYRON.

Agar, à Decazeville.
Ciffre, à Nant.
Couviguon, à Cassagnes-Begonhès.
Gondry, à Rodez.
Trouillet, à Firmy.

BOUCHES-DU-RHONE.

Bérenger, à Bouc-Albertas.
Ferry, à Saint-Remi-de-Provence.
Pailheret, à Trets.

CALVADOS.

Pavie, à Audrieu.

CANTAL.

Salarnier Henri, à Aurillac.
Viravaud, à Condat.

CHARENTE.

Bouchard, à la Couronne.
Gilbert, à Ruffec.

CHARENTE-INFÉRIEURE.

Guérin, à Brizambourg.

CHER.

Boillet, à Lignières.
Haillard, à Nérondes.
Lejeune de Créquy, à Mehun-sur-Yère.

CORRÈZE.

Mauranges, à Rilhac-Treignac.
Veyriéras, à Meilhard.

COTES-D'OR.

Clerget, à Dijon.
Darviot, à Beaune.
Drain, à Channay.
Grapin, à Dijon.
Lebault, à Nolay.
Lerat-Vallée, à Auxonne.
Seignemorte, à Flamerans.
Tholard, à Semur.
Tourey, à Genlis.

COTES-DU-NORD.

Lemoussu, à Saint-Brieuc.

CREUSE.

Rivet, à la Villeneuve.

DEUX-SÈVRES.

Brothier, à St-Maixent.

DORDOGNE.

Feyte, à Colombier.
Gaillard, à St-Germain-de-Labarde.
Lavignac, à Chantérac.
Marchand, à Saint-Michel-Montagne.
Massias, à Parcoux.

DOUBS.

Tranchart, à St-Vit.

DROME.

Audibert, au Puy-St-Martin.
Durand, à Montélimar.
Guibert, à Mirabel-aux-Baronnies.

EURE.

Auger Louis-Amand, au Bosc-Robert.
Bais, à Cuverville.
Bouchard, à Epaignes.
Delavigne, à Dormont.
Dumont, à Martigny.
Hervieux, à Conches.
Montier, à St-Martin St-Firmin.
Planche, à Evreux.

EURE-ET-LOIR.

Benoist, à Illiers.
Caignard, à Epernon.
Desmares, à Brou.
D'Himbert, à Auneau.
Fillon, à Bonneval.
Gouin, à Illiers.
Lemaître, membre du Comité central des géomètres, à Chartres.
Marié, à Courville.
Michon, à Voves.
Paré, à Châteaudun.
Pavie, à Châteaudun.
Sadorge, à Chartres.

GARD.

Auzière, à Saint-Laurent-d'Aigouze.
Conduzorgue, à Sauve.
Joussaud Léon, à St-Brès.
Lange, à St-Mamert.
Mâthes César, à St-André.

Perchet, à Nîmes.
Ricour Théodore, à Uzès.
Roux, à Tornac.
Siau, à Grenolhax.
Tresfont, à Sauve.

HAUTE-GARONNE.

Aviragnet, à St-Gaudens.
Bécanne, à Muret.
Chelle Pascal, à Villeneuve-Lécussan.
Condesse, à St-Aventin.
Daydé Guillaume-Augustin, à Miremont.
Fauga, à Saint-Sulpice-sur-Lèze.
Lafon, à Bouloc.
Latreilhe, à Lagardelle.
Maylin, à Cierp.

GERS.

Canteloup, à Saint-Clar.
Deyries, à Panjas.
Jazadé, à Jégun.
Lamarque, à Gondrin.
Lubis, à Auch.
Marassé, à Pouy-Roquelaure.
Maupomé, à Miélan.
Pihourquet, à Castelnau-Barbarens.

GIRONDE.

Braut Henri, à St-Morillon.
Cordes Amédée, à Libourne.
Joffre, à Bourg.
Laborderie, à Libourne.
Lafon, à Bordeaux.
Lafon, à Lanton.
Latrille, à Coimères.
Lehaut, à Baric.

HÉRAULT.

Charbonnel, à Ceyras.
Combès, à Graissessac.
Marié, à Gignac.
Profit, à Montpellier.

ILLE-ET-VILAINE.

Bochin, conseiller général, à Louvigné-du-Désert.

INDRE.

Coquelet, à Châteauroux.
Suire, à Châtillon-sur-Indre.

INDRE-ET-LOIRE.

Bremer, à Chemilly-sur-Dôme.
Jubert, à Chinon.
Mereau, à Azay-sur-Cher.
Prouteau, à Villeloin.
Renard, à Savonnières.
Thierry, à Samblançay.

ISÈRE.

Basset, à Grenoble.
Boiton, à Grenoble.
Devaux aîné, à Vienne.
Eymin, à Saint-Maxime-sur-Chazelle.
Lavoute, à Toussieu.
Meynier, à Jaillieu.
Perriol, à Izeaux.
Rebuffet, à Vaulnaveys-le-Haut.

JURA.

Braud, à Froide-Fontaine.
Petetin, à Nozeroy.
Pierre Joseph, à Dôle.

LANDES.

Baratte, à Arengosse.
Bellegarde, à Bélus.
Bénétrix, à Léon.
Bordessoulles, à Tartas.
Boucau Albert, avocat notaire à Lévignacq.
Cazacq, à Tarnos.
Danchotte, à Saint Julien-en-Born.

Delest, membre du Conseil d'arrondissement, à Pontenx.
Destouesse Xavier, à Mézos.
Dèze, à Linx.
Donet-Menn, à Pontenx-les-Forges.
Dublanc, à Sabres.
Duport, à Liposthey.
Fronsacq, à Saugnac-et-Muret.
Getten, à Pouillon.
Hougas, à Capbreton.
Hourton, à Saubusse.
Labarthe, à Boos.
Labèque, à Magescq.
Labrit, à Pissos.
Lacomme Julien, à Escource.
Lacoste, à Taller.
Lartigue, à St-Géours-de-Maremn.
Laurède, à Sabres.
Mano, à Liposthey.
Neurisse, à Castèts.
Pémartin, à Montfort.
Roger-Gaillart, conseiller d'arrondissement et membre du Comité central des géomètres, à Lévignacq.
Robineau, à Mézos.
Sescousse, à Castèts-des-Landes.
Soubiran, à Ousse-Suzan.

LOIRE.

Bachelet, à Charlieu.
Bonassieux, à Panissières.
Franchon, à Coutouvre.
Vignon, à St-Cyr-de-Valorges.

HAUTE-LOIRE.

Auvergnon, à Sembadel.

LOIRE-INFÉRIEURE.

Galpin, à Nantes.
Launay, à Sucé.
Lemarié, à Savenay.

LOIRET.

Bouché, à Pithiviers.
Colard, à Courtenay.
Compagnon, à Messas.
Dezoret, à Ladon.
Léger, à Puiseaux.
Leroy, à Vennecy.
Sourceau, à Orléans.

LOIR-ET-CHER.

Gédon, à d'Huizon.
Granger, à Onzain.

LOT-ET-GARONNE.

Audhuy, à Damazan.
Ducasse, à Barbaste.
Mathon, à Sos.
Mourge, à Montignac-de-Lauzun.

LOZÈRE.

Valentin, à Marjevols.

MAINE-ET-LOIRE.

Callard, à Montreuil-Bellay.
Cherbonnier, à Laudemont.
Delaunay, à Gennes-sur-Loire.
Forget, à Montreuil-Bellay.
Houdet, à Rochefort-sur-Loire.
Mauboussin, à Jarzé.
Méchinaud, à Torfou.
Métivier, à St-Clément-de-la-Place.
Priou-Cailleau, à Grézillé.

MANCHE.

Foucher, à Montmartin-sur-Mer.
Gibeaux, à Bréhal.

MARNE.

Blanck-Soullac, à Reims.

Brézillon, à Esternay.
Cappe, à Ville-en-Tardenois.
Chardonnet-Draveny, à Coulommes.
Dézert, à Epernay.
Favret, à Montmirail.
Féton, à Fismes.
Jullien, à Sézanne.
Marchand-Révélard, à Avize.
Marié, à Faverolles.
Martin, à Pleurs.
Parred, à Boursault.
Paté, à Fismes.
Poteaux, à Cormicy.
Poupé, à Montmort.
Romagny, à Gueux.
Turlure, à Châlons-sur-Marne.

HAUTE-MARNE.

Desaux, à Morancourt.
Gillet Edouard, membre du Comité central des géomètres, à Joinville.
Noël Charles, à Joinville.

MAYENNE.

Gesbert, à Montenay.
Rezé, employé chez M. Girondier, à Bazouges.
Sinoir, à Cuillé.

MEURTHE-ET-MOSELLE.

Detoul, à Saint-Nicolas-du-Port.
Petitbien, à Blénod-les-Toul.
Perrin, à Cirey-sur-Vezouze.
Poissonnier, à Favières.
Sergent, à St-Nicolas-de-Port.

MEUSE.

Bellot, à Void.
Denonvillers, à Verdun-sur-Meuse.
Ferrette, à Chardogne.
Guyot, à Apremont.
Pellerin, à Pargny-sur-Meuse.
Rousselle, membre du Conseil général de la Meuse, à Laimont.
Therion, à Fresnes-en-Woëvre.
Vautrin, à Laimont.
Villé, à Vilosne.

MORBIHAN.

Bassac, membre du Comité central des géomètres, à Vannes.
Huillo, à Guéméné-sur-Scorff.

MOSELLE.

Bazelot, à Fléville.

NIÈVRE.

Gourlin, à Clamecy.
Lyons, à Chaulgues.
Moreux, à Myennes.
Perruchot, à Aunay-en-Bazois.
Ricourt, à Nevers.
Tabarant, à la Machine.

NORD.

Bruyelle, Théophile, à Cambrai.
Carton Remy, à Vieux-Condé.
Dômotier, inspecteur des biens des Hospices, à Lille.
Dénizart, à Honnecourt.
Desfontaines, à Roubaix.
Evrard, à Fourmies.
Favreuil, à Lille.
Hagard-Drouvocy, à Gouzeaucourt.

Imbert, géomètre en chef du Cadastre, à Lille.
Ingelrans, à Avesnes-sur-Helpe.
Labbe, à Haubourdin.
Lecomte-Bouillier, à Fresnes.
Martin, à Masnières.
Renard, à Lille.
Richard, à Cambrai.
Trampont, à Valenciennes,
Ville, à Fresnes-sur-l'Escaut.
Wigniolle, à Sin.

OISE.

Antoine, à Neuilly-en-Thelle.
Beaudoux, à Cuts.
Boileau, à Lassigny.
Boucaut, à Ressons-sur-Matz.
Bourguignon, à Guiscard.
Bridoux, à Acy-en-Multien.
Chantrelle, à Croutoy.
Chevaux, à Saint-Germer-de Fly.
Comité des Géomètres de l'arrondissement de Compiègne.
Coqueret, membre du Comité central des géomètres, à Senlis.
Corbay, à Lieuvillers.
Cossart, à Broquiers.
Demarque, à Senlis.
Demarseille, à Sully.
Derivry, Directeur-Gérant du Journal, trésorier du Comité central des géomètres, à Noyon.
Desaint, à Jonquières.
Dervillé, à Jonquières.
Dubois, à Beauvais.
Ducastel, à Saint-Julien-en-Chaussée.
Fortin, à Mouy.
Havet, à Rully.
Labarre Alphonse, à Noyon.
Lacroix, à Méru.
Lambert, à Feuquières.
Legent, à Grandfresnoy.
Leroy, à Carroix-Romescamps.
Lescadieu, à Cuvilly.
Lévèque, à Auneuil.
Macrez. Alfred, à Breteuil.
Maréchal, à Grandrû.
Mélard, à Nanteuil-le-Haudouin.
Marlier à Attichy.
Minon, à Ribécourt.
Moinet père et Moinet fils, membres du Comité central des géomètres, à Senlis.
Montigny, à Tricot.
Muller, à Bresles.
Paris, à Noyon.
Parmentier, à Estrées-St-Denis.
Patoux, à Maignelay.
Petit Antony, à Estrées-St-Denis.
Plommet, à Grandvilliers.
Quenolle, membre du Comité central des géomètres, à Compiègne.
Réthoré, à Chantilly.
Rousselle, à Froissy.
Sand'homme, à Boran.
Sédille, à Chaumont-en-Vexin.
Sire, à Thury-en-Valois.
Tesson, à Pierrefonds.

Thérain, à Nanteuil-le-Haudouin.
Tiercelet, à Attichy.
Tricot, à Carlepont.

ORNE.

Dandeville, à Vimoutiers.
Huet, à Flers.
Leboulleux, à Alençon.
Moisson, à Mortagne.

PAS-DE-CALAIS.

Baudet Léon, à Avesnes-le-Comte.
Conduché, à Thiers.
Deffradas, à Saint-Pierre-la-Bourlonne.

PUY-DE-DOME.

Despolaines, à Courpière.
Guillaume, à Tauves.
Montabrut, à la Roche-Noire.
Parrat, à St-Nectaire.
Trincart, à Cournon.

PYRÉNÉES-BASSES.

Borde, à Morlaas.
Latour, à Pau,
Leugé, à Pontacq.

PYRÉNÉES-HAUTES.

Despiau, à Cabadur.
Gélamur, à Llac.
Lhez, à Asté.
Verdier, à Hèches.

PYRÉNÉES-ORIENTALES.

Gascq, à Elne.

RHONE.

Cherblanc, à L'Arbresle.
Debacq, à Lyon.
Delafay, à Bagnols.
Delorme, à Mornant.
Guillot, au Chères.
Jacob, à St-Genis-Laval.
Janin, à Julliénas.
Large, à Villié-Morgon.
Latarget, à Tarare.
Micollet, à Bessenay.
Monnery, à Belleville.
Pouzet frères, à Lyon.
Rochet, à Sourcieux.
Sapin, à Poule.

SAONE-ET-LOIRE.

Blanc, à Tournus.
Boissaud, à Cruzilles.
Changarnier, à Châlons-sur-Saône.
Chévenard, à Palinges.
Chevrier, à St-Gengoux-de-Scissé.
Curau, à La Chapelle-Thècle.
Dodey, à St-Mard-de-Vaux.
Dufour, à Montcenis.
François, à Marcigny.
Gavand, à Varennes-Saint-Sauveur.
Labry, à Saint-Désert.
Martin, à Saint-Ithaire.
Jannin, à Ouroux.
Perrin-Létourneau, à Plottes.
Pont, à Romenay.
Richy, à Sennecy-le-Grand.

SAONE (HAUTE).

Fort, à Gray.
Molle, à Saulx-de-Vesoul.

SARTHE.

Alloix, au Mans.
Beauvais, à Noyen-sur-Sarthe.
Bellanger fils, à Mamers.
Blanche, à La Ferté-Bernard.
Gauffrunau, à la Suze-sur-Sarthe.
Papin, à Luceau.
Richard, à Vallon.

Richard, à Vivoin.
Rousseau, à Vibraye.
Taveau, à Château-du-Loir.

SAVOIE.

Bonnevie, à Chambéry.
Sanguet, à Aigueblanche.

SAVOIE (HAUTE).

Amoudruz, à Annecy.
Courjon, à Albertville.
Pestel, géomètre en chef à Annecy.
Resteau, à Evian-les-Bains.
Riotton, à Annecy.
Viannay, à Faverges.

SEINE.

Allouard, libraire à Paris.
Berger, à la Maison-Blanche.
Bétancourt, membre du Comité central des géomètres, à Vincennes.
Bézodis, à Paris.
Bobœuf, à Vitry-sur-Seine.
Brachet, à Paris.
Brindot, à Paris.
Cabois, aux Batignolles.
Champeau, à Montreuil-sous-Bois.
Comité des Géomètres du département de la Seine.
Court, à Paris.
Crépinet et A. Naquet, à Paris.
Delair, à Puteaux.
Donnamette et Hattu, à Paris.
Doury, à Paris.
Dufresne, à Paris.
Duhautoy, à Paris.
Fauchet, à Paris.
Fraget, ingénieur-opticien à Paris.
Galimant, à Asnières.
Gibier, à Paris.
Guilbert, à Issy.
Hardouin, à St-Maur-les-Fossés.
Heurtaut, membre du Comité central des Géomètres, à Passy-Paris.
Fossé, à Paris.
Lafolie, à Paris.
Lasselannes, ingénieur-opticien, à Paris.
Ledard fils et Lainé, à St-Ouen.
Lefèvre, à Villejuif.
Lefèvre, à Saint-Denis.
Léger, à Paris.
Lucien, à Paris, pour 8 abonnements.
Maingon, inspecteur des forêts, à Paris.
Maricot et Cie, à Paris.
Meylan, à Aubervillers.
Milon, papetier à Paris.
Pépin, à Paris.
Pernelle, à Paris.
Rappold, à Maison-Alfort.
Ratel, à Vincennes.
Romain-Roger, à Pantin.
Royant, à Pantin.
Simon, à Pantin.
Teste, à Colombes.
Troufillot, à Sceaux.
Trouet, à Noisy-le-Sec.
Vallet frères, à Paris.
Villain, à Bagnolet.

SEINE-ET-MARNE.

Aubry, à Carnetin.
Bardot, à Tournan.
Blossier à Ponthierry.
Bouché, à Maison-Rouge.
Boullot, à La Ferté-Gaucher.

Camery, membre du Comité central des géomètres, à Guignes-Rabutin.
Chapelle, à Jouy-le-Châtel.
Charles, à Provins, 2 exemplaires.
Chertemps, à Blandy.
Chevallier, à Coulommiers.
Cocault, à Héricy.
Collet, à Claye-Souilly.
Cosson, employé chez M. Soyez, géomètre à Lagny.
Courtin, à Faremoutiers.
Cousin, à Rozoy-en-Brie.
Dantigny, à Chalautre-la-Petite.
Depas, chez M. Aubry, à Carnetin.
Devin, à Brie-Comte-Robert.
Doury, à Donnemarie.
Ducognon, à Saint-Loup-de-Nœud.
Dupont-Léon, à Lisy-sur-Ourcq.
Durand, à Meaux.
Fauvelle, à Donnemarie.
Fauvet, à la Ferté-sous-Jouarre.
Gandouin, à la Croix-en-Brie.
Gauchard, à Montigny-Lencoup.
Henri, à Nemours.
Huot, à Tournan.
Hutier, à Coulommiers.
Jeune-Maître, à Montereau.
Labarre, au Châtelet-en-Brie.
Lebeau, à Gouaix.
Lebon, à Coulommiers.
Ledret, membre du Comité central des géomètres, à Meaux.
Leroy, à Dammartin.
Machuelle, à Melun.
Marchand, au Châtelet-en-Brie.
Marteau, à Crouy-sur-Ourcq.
Mauroy, à Meaux.
Mayaud, à Mons-en-Montois.
Mayou, à Touquin.
Molaye, à Dammartin.
Minat, à Voulx.
Moreau, à Sognolles.
Nauguet, à Nemours.
Ozeré, à Provins.
Pellot, au Châtelet.
Penancier, à Lorrez-le-Bocage.
Pionnier, à la Chapelle-Gauthier.
Portat, à Montereau.
Ratel, à Nangis.
Rayer, à Provins.
Remy, à la Ferté-Gaucher.
Siméon, à Melun.
Soyez, à Lagny.
Tonnellier, à Egreville.

SEINE-ET-OISE.

Barbier-Bouvet, à Versailles.
Barthélemy, membre du Comité central des géomètres, à Corbeil.
Batton, à Argenteuil.
Beaumann Élie, à Bougival.
Bellard, à La Ferté-Alais.
Benoist, à Limours.
Bricard, à Triel.
Chaudé, à Magny-en-Vexin.

Chevallier, à Roinville.
Colin, à Juvisy.
Comité des géomètres de l'arrondissement de Corbeil.
Compagnon, à Presles.
Damars, à Bandeville.
Danger, à Etampes.
Daniel, à Maule.
Froment, à Montfort-l'Amaury.
Gentil, à Sannois.
Gobillon, à St-Arnault.
Gru, Alexandre-Xavier, à Boinville.
Guignard, à Longjumeau.
Guilbert Lucien-Célestin à Epône.
Huyot, à Pontoise.
Jouanne, à Montfort-l'Amaury.
Labarre, à Yerres.
Lajotte, à Palaiseau.
Lalande, à Rambouillet.
Leblond, à Neauphle-le-Château.
Lecœur, à Montlhéry.
Lefèvre, membre du conseil d'arrondissement de Corbeil et président du Comité central des géomètres, à Sucy.
Lemaire, à Arpajon.
Lemaire Prosper, à Arpajon.
Lequeux, à Luzarches.
Lhuillier, à Essones.
Marceau, à Sucy.
Marchand, à Mennecy.
Molletz, à Villeconin.
Morel, à Longjumeau.
Muret, à Palaiseau.
Parmentier, à Montlhéry.
Pénart, membre du Comité central des géomètres, à Villeneuve-le-Roy.
Pezet, à Villers-en-Arthies.
Pierrelée, employé chez M. Barthélemy, à Corbeil.
Racinet fils, à Marines.
Sédille, à Neuilly-sur-Marne.

SEINE-ET-INFÉRIEURE.

Beauval, à Eu.
Bucaille, vice-président du Comité central des géomètres, au Havre.
Cordier, à St-Léger-aux-Bois.
Foulon, à Sainte-Beuve-le-Caule.
Lecoq, au Havre.
Lemaître, à Dieppe.
Séry, à Montivillers.

SOMME.

Alexandre, à Abbeville.
Bouvet, à Tours.
Bunot, employé chez M. Bouvet, à Tours.
Cabois, à Montdidier.
Cattiaux, à Heudicourt.
Césaret, à Framerville.
Debacq, à Belleuse.
Deflandre, à Nesle.
Desfresne, à Nesle.
Deville, au Quesnel.
Dubremel, à St-Riquier.
Folly, à Péronne.
Helluin, à Amiens.
Huelle, à Roye.
Legranger, à Ercheu.
Lepère, à Curlu.
Louard, à Ham.
Mascré Ernest, à Péronne.
Miette Emile, à Sailly-Saillizel.

Navet, à Nurlu.
Ranson, à Matigny.
Tellier Emile, à Montmarquet.
Trouvé, à Ham.

TARN.

Canillac, à Trévien.
Caussé, à Mazamet.
Defos, à Cadalen.
Jamme, à Réalmont.
Lavergne, à Gaillac.
Saliège, à Lavaur.
Vaissière, à Brousse.
Vaissière Emile, à Graulhet.

VAR.

Daniel, à Brignoles.
Vidal, à Aups.

VAUCLUSE.

Beynet, à Mérindol.
Cartoux, à Sault.
Cheysson, à Bollène.
Jacquème, à Villelaure.

VENDÉE.

Laruelle, à Mareuil-sur-Lay.
Sauvaget, à Fontenay-le-Comte.

HAUTE-VIENNE.

Jeanthom, à Limoges.
Lefort, à St-Symphorien.

VOSGES.

Lévêque, à Ferdrupt.
Mareine, à Remiremont.
Poirot, à Golbey.
Thouvemin, à Épinal

YONNE.

Brizard, à Gron.
Massoul, à Pont-sur-Yonne.
Péghaire, à Rogny.
Petit, à Villeneuve-sur-Yonne.
Pottemain, à Vinneuf.
Prin, à Villeneuve-l'Archevêque.
Touchart, à Villeneuve-l'Archevêque.

AFRIQUE FRANÇAISE.

Buthion, à Alger.
Chambœuf, à Constantine.
Charaud, chef de service des opérations topographiques, à Alger.
Cuveiller, à Alger.
Isanore, à Gar-Rouban.
Piogé, à Dellys.
Quenel, à Mostaganem.
Tamponnet, à Oran.
Troyon, à Constantine.
Versault, à Ben Chicao.

COCHINCHINE FRANÇAISE.

Bataille, chef du service cadastral, à Saïgon.
Gélas, à Saïgon.
Pont, à Saïgon.

ALSACE-LORRAINE.

Halmard, à Dieuze.
Klein, à Wattviller.
Zier, à Brumath.

BELGIQUE.

Abonnés desservis directement.

Audries, à Brée.
Carlier, à Mons.
Liévin, à Bruxelles.
Verstraete, à Cachtem-les-Iseghem.

Abonnés desservis par M. Everling, libraire à Arlon.

ANVERS.

Van Mierlo, à Anvers.
Van Stevens, à Anvers.

FLANDRE OCCIDENTALE.

Courcelles, à Menin.

Giard, à Ostende.

HAINAUT.

Ancelin, à Lessines.
Tillier, à Paturages.

LIÉGE.

Boulanger, à Liége.
Collin, à Verviers.
Delaye, contrôleur, à Liége.
Delvaux, à Liége.
Desir, à Liége.
Dupont, à Liége.
Fontaine, à Warzée.
Graindorge, à Awirs.
Grignel, à Liégo.
Gustin, à Jupille.
Massart, à Liége.
Roppe, à Héron.
Wauthy, à Stavelot.

LIMBOURG.

Carré, à Hasselt.
Claesen, à Hasselt.
Cordier, contrôleur, à Hasselt.
Lopp, à Looz.
Swleck, à Masseyck.
Vanderbroeck, à Hasselt.

LUXEMBOURG.

Bande, à Nassagne.
Dasnoy, contrôleur, à Arlon.
Delaunois, à Cherain.
Docquier, à Villance.
Dordu, à Messancy.
Dubois, à Florenville.
Fosty, à Houdemont.
Goffinet, à Neufchâteau.
Hilbert, à Laroche.
Huriaux, à Etalle.
Jacques, à Hurbay.
Lacroix, à Marche.
Laurent, à Bertrix.
Mertesse, à Arlon.
Molitor, à Erézée.
Rossignon, à Arlon.
Schrœder, à Arlon.
Stevenot, à Rulles.
Tiry, à Barvaux.
Williot, à Arlon.

NAMUR.

Chamelot, contrôleur, à Namur.
Pierret, à Couvin.

ADMINISTRATION CENTRALE.

Deux exemplaires.

ESPAGNE.

Bernardo Araus, à Madrid.
Bailly-Baillière, à Madrid.
Doublé, à Madrid.
Ecole d'Etat-major de l'armée, à Madrid.
Gauran, à Barcelonne.

ITALIE.

Viglione, à Busco.

SUISSE.

Bise, commissaire général du canton de Fribourg.
Bise Alexandre, à Bulle.
Morel, à Winterthur.
Otz, inspecteur du cadastre à Neuchâtel.

Table alphabétique des Matières.

R.F. BIBLIOTHÈQUE NATIONALE IMPRIMÉS

Noyon. — Typ. D. Andrieux.

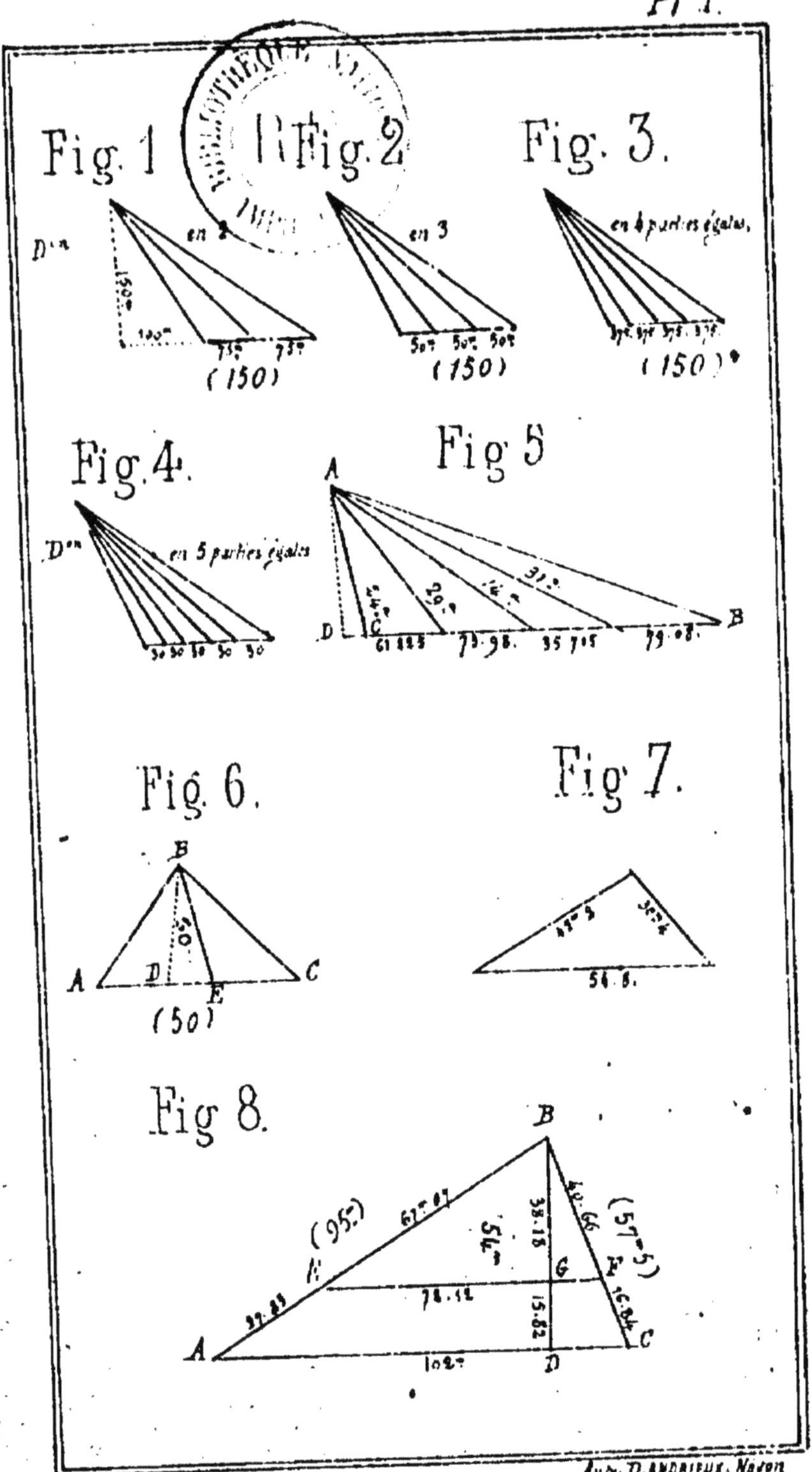
Fig. 1
en 2
(150)
Fig. 2
en 3
(150)
Fig. 3.
en 4 parties égales
(150)
Fig. 4.
en 5 parties égales
Fig 5
A
B
C
D
Fig. 6.
A
B
C
D
E
(50)
Fig 7.
Fig 8.
A
B
C
D
G
F
(95m)
(57m5)
Autr. D. ANDRIEUX. Noyon

Pl. 2

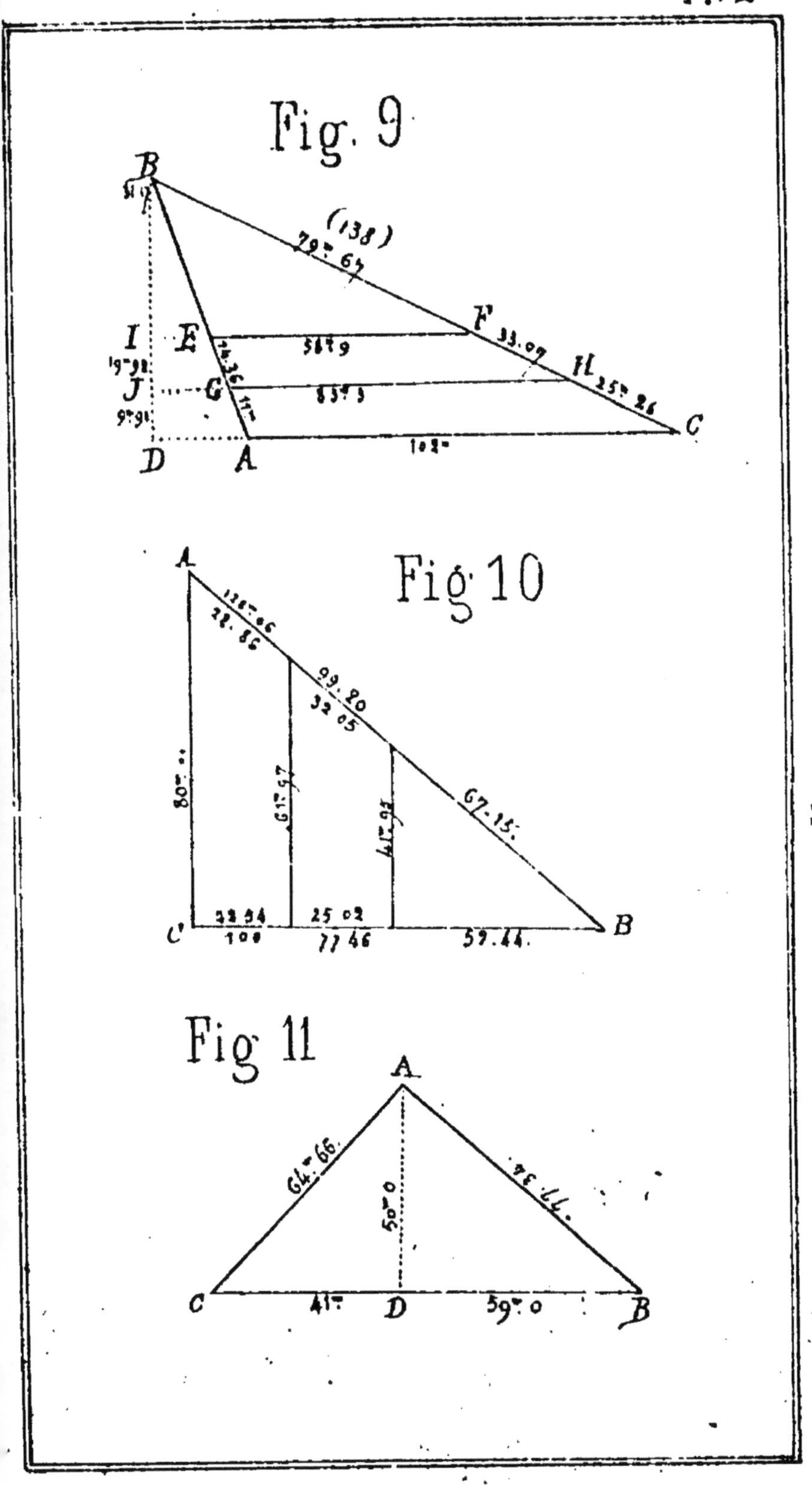

Fig. 9
B
(138)
79m 67
F
33.07
H
25m 26
C
I
E
56m9
J
G
83m3
D
A
102m
Fig 10
A
80m
C
B
67.15
Fig 11
A
64m 66
50m 0
C
41m
D
59m 0
B

A

D

Pl 3.

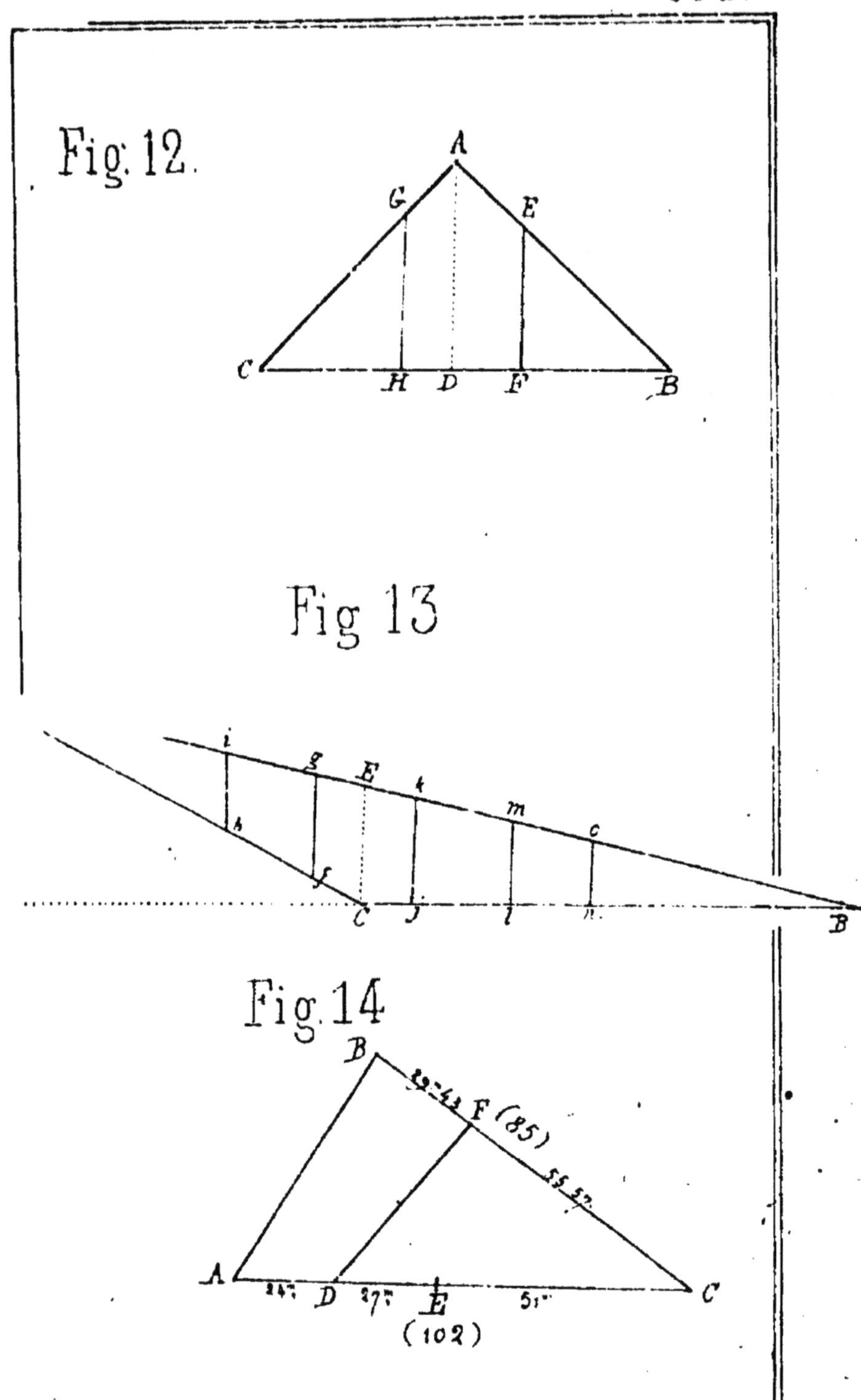

Fig. 15.

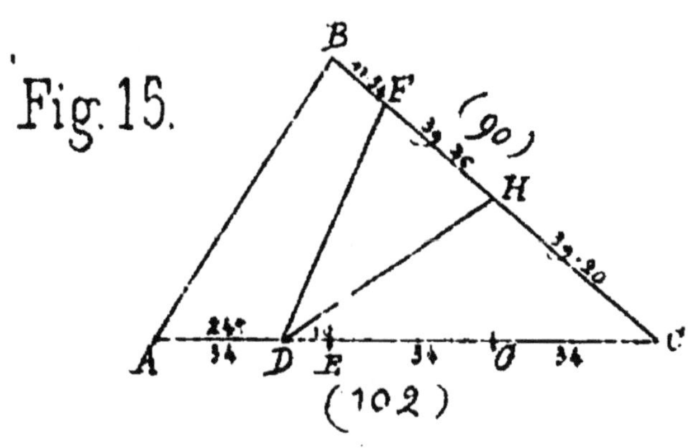

Fig. 16

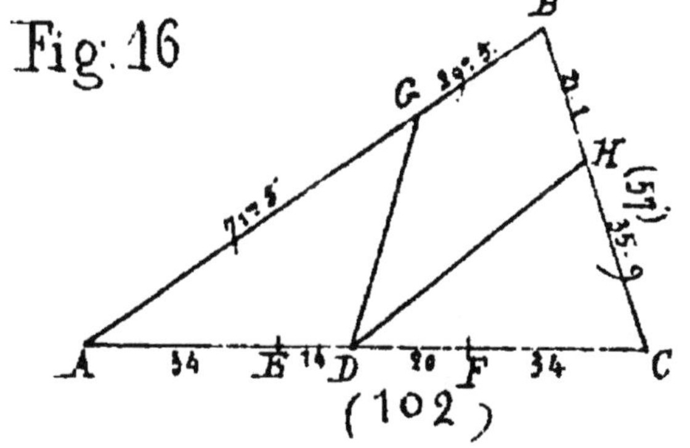

Fig. 17.

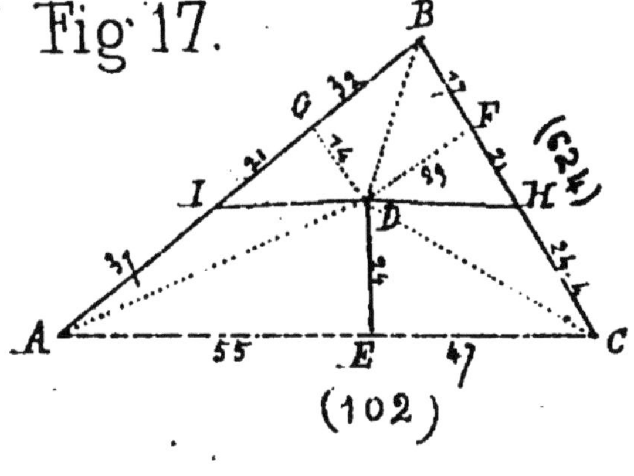

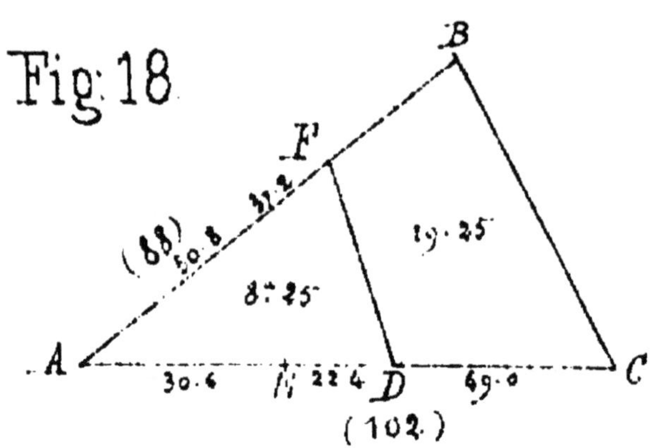

Fig. 18

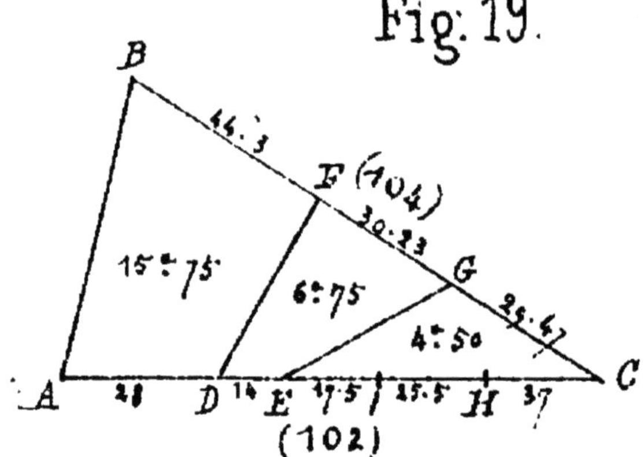

Fig. 19.

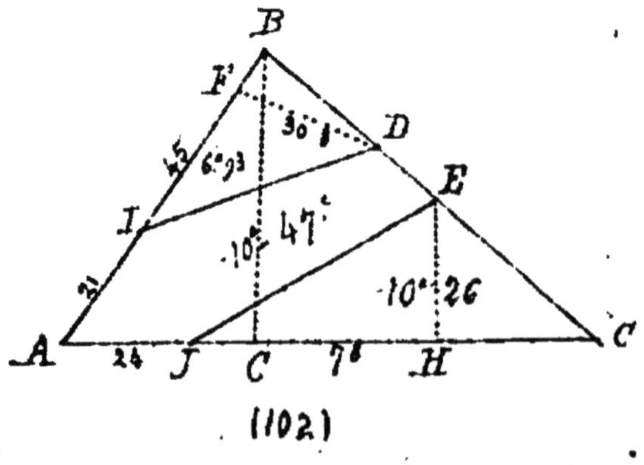

Fig. 20.

Pl. 6.

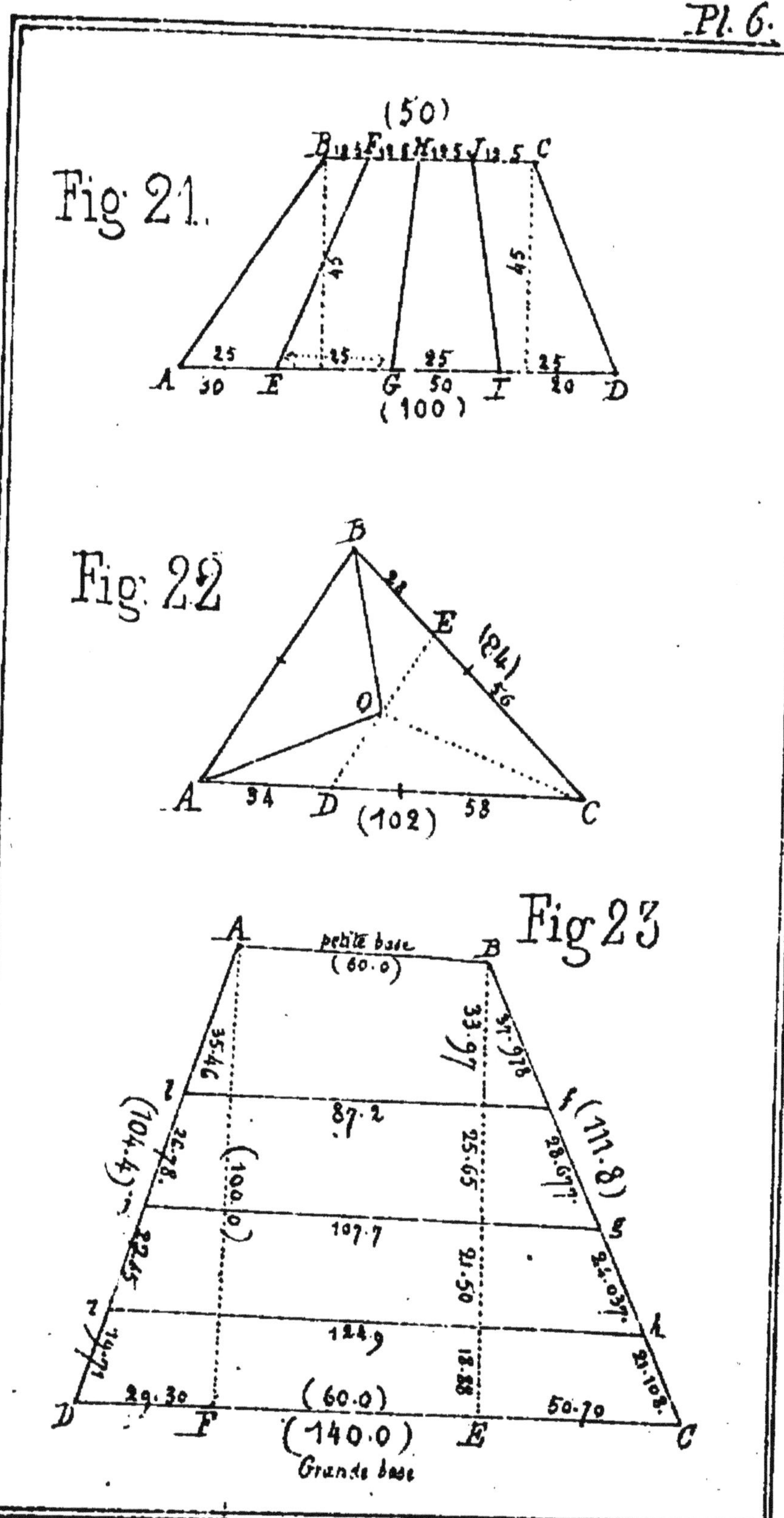

Fig 21.
(50)
B 12.5 F 12.5 H 12.5 J 12.5 C
45
45
25
25
25
25
A 30 E G 50 I 20 D
(100)
Fig: 22
B
24
E
(84)
56
O
A 34 D (102) 58 C
Fig 23
A
petite base
(60.0)
B
35.46
33.97
37.978
87.2
f (111.8)
(104.4)
26.78
(100.0)
25.65
28.677
107.7
g
22.45
21.50
24.037
124.9
h
14.71
18.88
21.108
D 29.30 F (60.0) E 50.70 C
(140.0)
Grande base

Fig. 24.

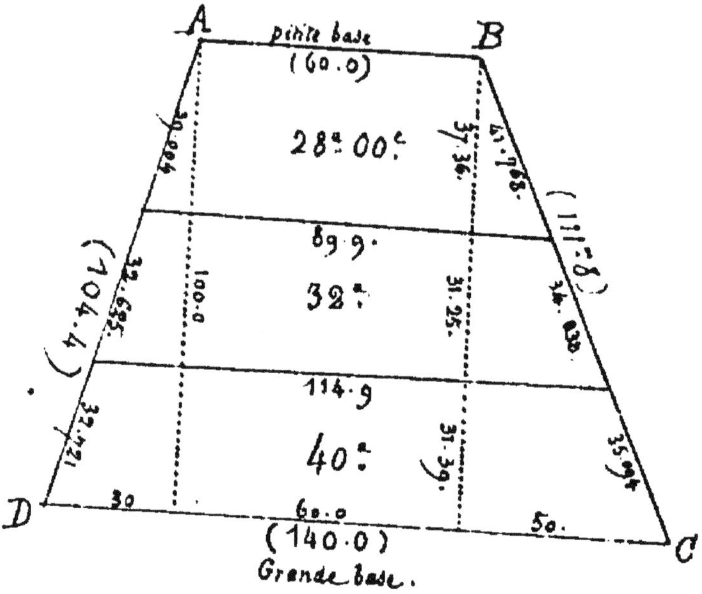

A
petite base
(60.0)
B
28a. 00c.
89.9.
32a.
114.9
40a.
(104.4)
(111.8)
100.0
37.36.
31.25.
31.39.
D
30
60.0
50.
(140.0)
Grande base.
C

B
(82.46)
A
38.705
(95.41)
(64.62)
60.0
80.0
30.504.
26.111
17.685
24a.
80a.
52a.
D
E
(156)
F
C

Fig 25.

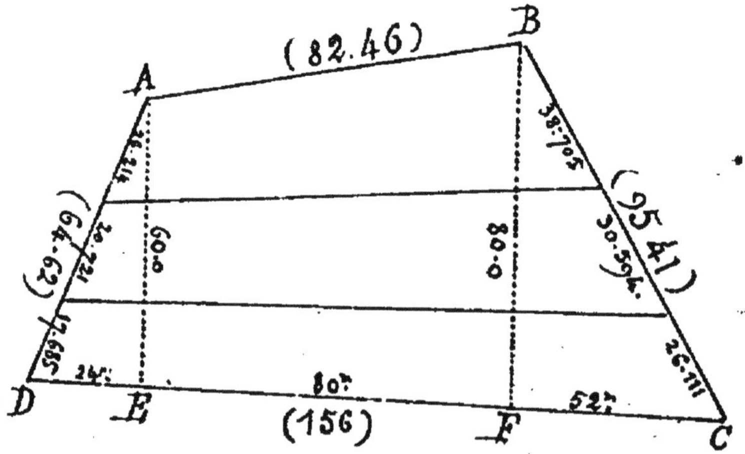

Fig 26.

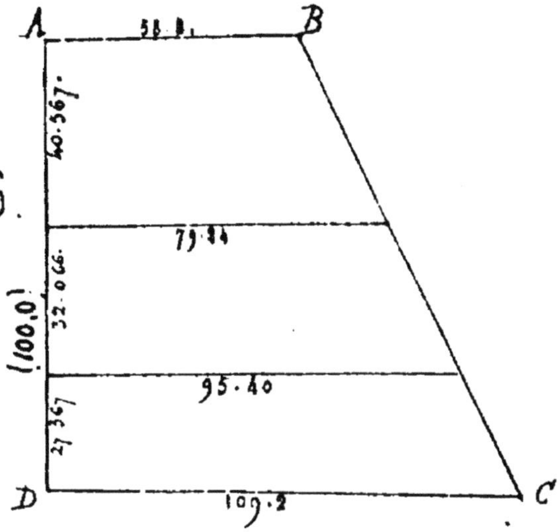

A 58.8. B

40.567.

79.84

32.066.

(100,0)

95.40

27.367

D 109.2 C

Fig. 27

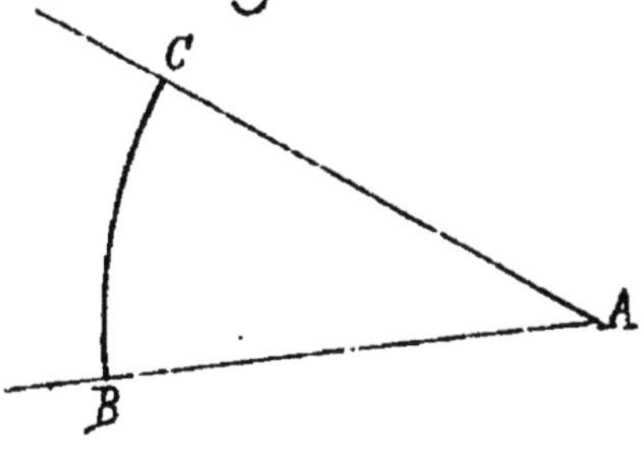

C

A

B

Fig: 28.

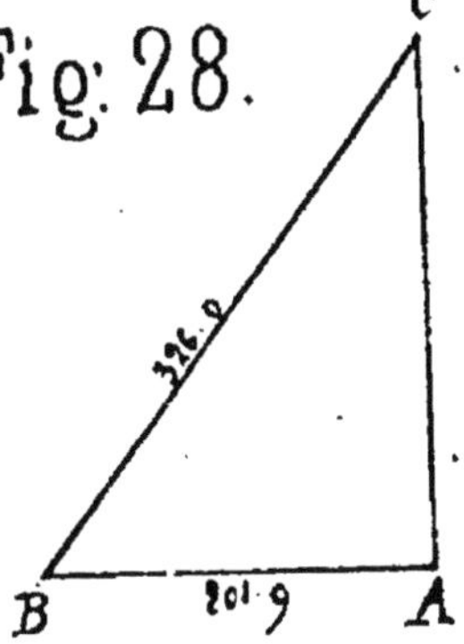

C

326.0

B 201.9 A

Fig 29

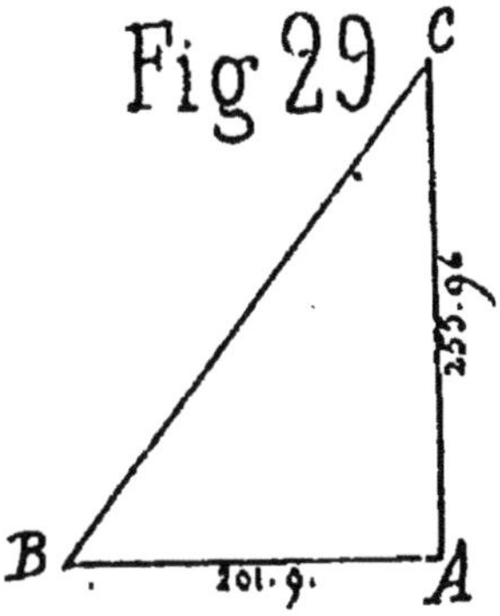

C

255.96

B 201.9. A

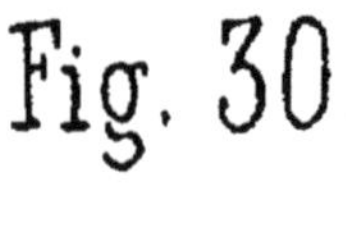

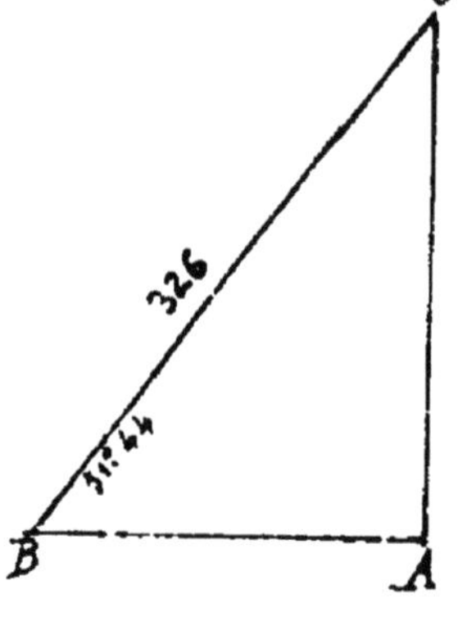

Fig. 31.

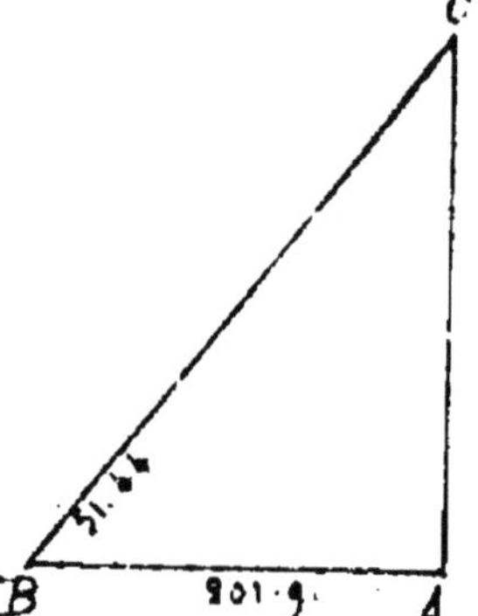

Fig. 32 A

51°.44

73°.52

C B

Fig. 33.

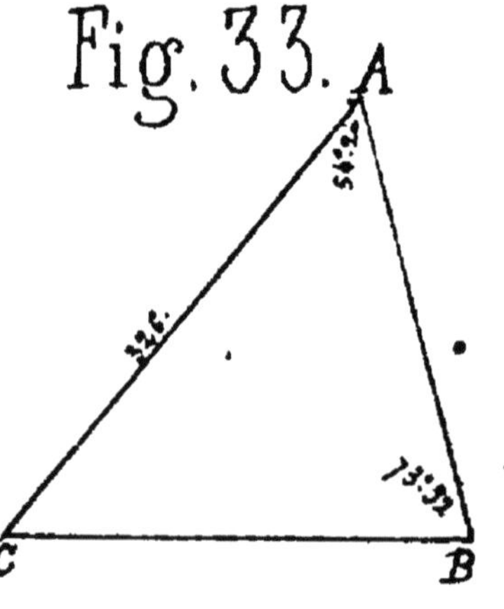

Pl. 10.

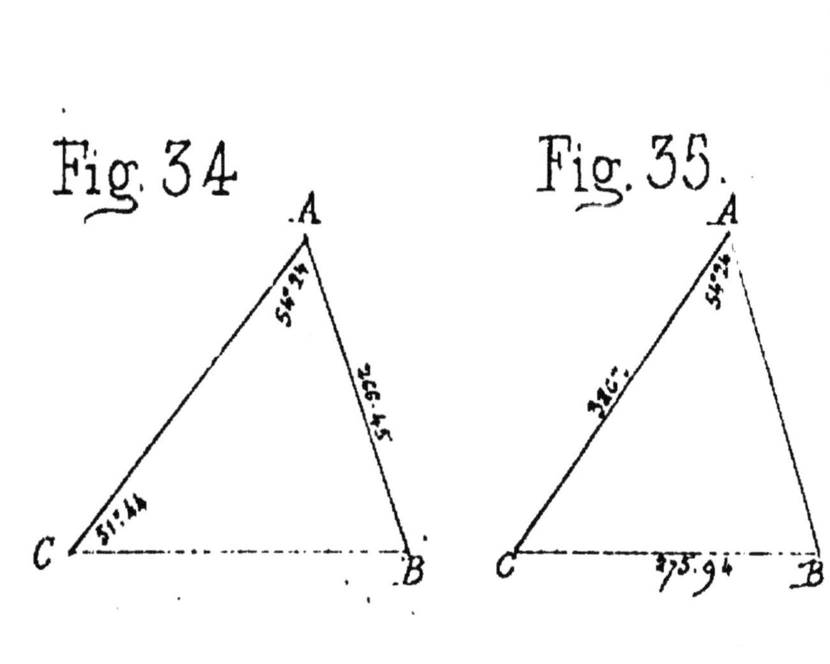

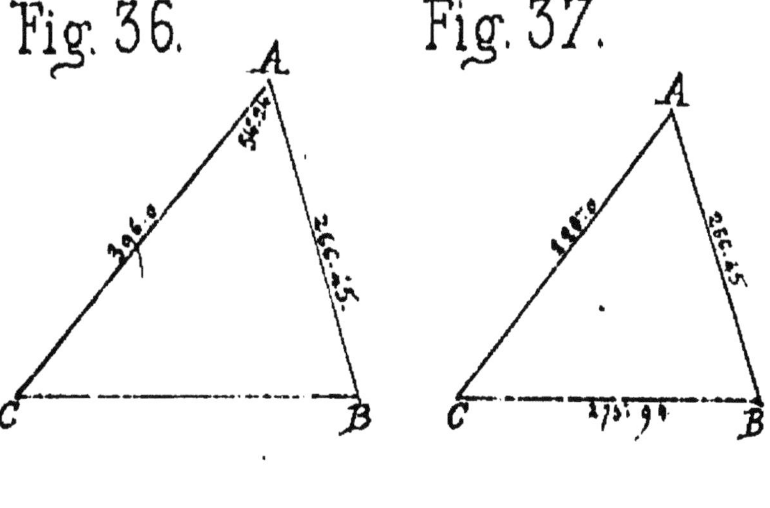

Fig. 38.

Segments Circulaires

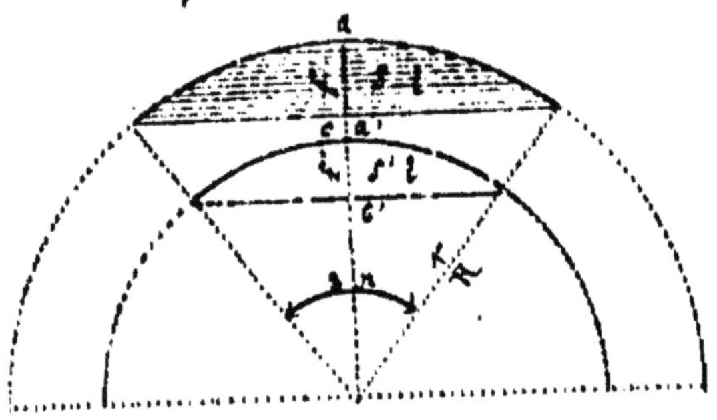

Fig 39

Développement de l'ellipse.

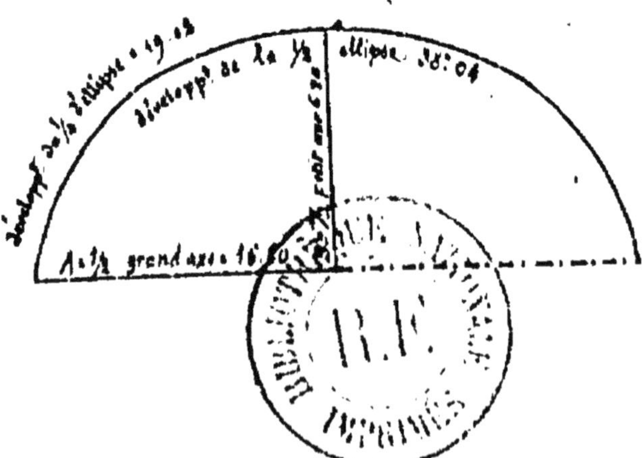

BIBLIOTHÈQUE NATIONALE
R.F.
IMPRIMÉS

NOYON. — TYP. D. ANDRIEUX.

www.ingramcontent.com/pod-product-compliance
Ingram Content Group UK Ltd.
Pitfield, Milton Keynes, MK11 3LW, UK
UKHW021055270726
13967UKWH00012B/1628